U0146888

Photoshop CS3

基础与实例教程

中等职业教育计算机专业系列教材编委会

主　编　陈良华　吴万明

编　者（以姓氏笔画为序）

　　　　吴万明　陈良华　陈　果

　　　　欧阳崇坤　施念星　班祥东

重庆大学出版社

内容简介

Photoshop是功能强大的图形绘制和图像处理软件，它在平面广告、装潢设计、工业设计、造型设计、网页设计、室内外建筑效果图绘制等领域都有非常广泛的运用。

本书是以实例教学为主，以具体的行业项目为主线，介绍了Photoshop CS3中文版的基本操作方法和图像处理技巧。本书内容包括Photoshop系统的启动、操作界面、图像基本概念、工具箱的使用、图像的编辑与处理、图像色彩的调整方法、路径与矢量图、文本的输入与编辑、图层、通道和蒙版的概念和使用方法、滤镜的使用、Web功能使用。本书在使用与行业相结合的实例讲解的同时，安排了相关的知识链接，使知识得到进一步的扩展。在每个模块后面安排了自我测试，以检验学生的学习情况，巩固知识和操作技能。

本书适合作中等职业学校"计算机图形图像处理"课程的教材，也可以作为Photoshop初学者的学习参考书。

图书在版编目(CIP)数据

Photoshop CS3 基础与实例教程/陈良华，吴万明主编.
重庆：重庆大学出版社，2008.9
（中等职业教育计算机专业系列教材）
ISBN 978-7-5624-4619-4

Ⅰ.P… Ⅱ.①陈…②吴… Ⅲ.图形软件，Photoshop CS3—
专业学校—教材 Ⅳ.TP391.41

中国版本图书馆CIP数据核字(2008)第128904号

教育部推荐用书
中等职业教育计算机专业系列教材

Photoshop CS3 基础与实例教程

中等职业教育计算机专业系列教材编委会
主编 陈良华 吴万明

责任编辑：王 勇 文力平 版式设计：莫 西
责任校对：文 鹏 责任印制：赵 晟

*

重庆大学出版社出版发行
·出版人：张鸽盛
社址：重庆市沙坪坝正街174号重庆大学（A区）内
邮编：400030
电话：(023) 65102378 65105781
传真：(023) 65103686 65105565
网址：http://www.cqup.com.cn
邮箱：fxk@cqup.com.cn(市场营销部)
全国新华书店经销
重庆川渝彩色印务有限公司印刷

*

开本：787×1092 1/16 印张：14 字数：349千
2008年9月第1版 2008年9月第1次印刷
印数：1-5 000
ISBN 978-7-5624-4619-4 定价：29.00元（含1CD）

序 言

进入21世纪，随着计算机科学技术的普及和发展加快，社会各行业的建设和发展对计算机技术的要求越来越高，计算机已成为各行各业不可缺少的基本工具之一。在今天，计算机技术的使用和发展，对计算机技术人才的培养提出了更高的要求，培养能够适应现代化建设需求的、能掌握计算机技术的高素质技能型人才，已成为职业教育人才培养的重要内容。

按照"以就业为导向"的办学方向，根据国家教育部中等职业教育人才培养的目标要求，结合社会行业对计算机技术操作型人才的需要，我们在调查、总结前些年计算机应用型专业人才培养的基础上，重新对计算机专业的课程设置进行了调整，进一步突出专业教学内容的针对性和实效性，重视对学生计算机基础知识的教学和对计算机技术操作能力的培养，使培养出来的人才能真正满足社会行业的需要。为进一步提高教学的质量，我们专门组织了有丰富教学经验的教师和有实践经验的行业专家，重新编写了这套中等职业学校计算机专业教材。

本套教材编写采用了新的教育思想、教学观念，遵循的编写原则是："拓宽基础、突出实用、注重发展"。为满足学生对计算机技术学习的需求，力求使教材突出以下几个主要特点：一是按专业基础课、专业特征课和岗位能力课三个层面设置课程体系，即：设置所有计算机专业共用的几门专业基础课，按不同专业方向开设专业特征课，同时根据专业就业所要从事的某项具体工作开设相关的岗位能力课；二是体现以学生为本，针对目前职业学校学生学习的实际情况，按照学生对专业知识和技能学习的要求，教材在编写中注意了语言表述的通俗性，以任务驱动的方式组织教材内容，以服务学生为宗旨，突出学生对知识和技能学习的主体性；三是强调教材的互动性，根据学生对知识接受的过程特点，重视对学生探究能力的培养，教材编写采用了以活动为主线的方式进行，把学与教有机结合，增加学生的学习兴趣，让学生在教师的帮助下，通过活动掌握计算机技术的知识和操作的能力；四是重视教材的"精、用、新"，根据各行各业对计算机技术使用的需要，在教材内容的选择上，做到"精选、实用、新颖"，特别注意反映计算机的新知识、新技术、新水平、新趋势的发展，使所学的计算机知识和技能与行业需要相结合；五是编写的体例和栏目设置新颖，易受到中职学生的喜爱。这套教材实用性和操作性较强，能满足中等职业学校计算机专业人才培养目标的要求，也能满足学生对计算机专业技术学习的不同需要。

为了便于组织教学，与教材配套有相关教学资源材料供大家参考和使用。希望重新推出的这套教材能得到广大师生喜欢，为职业学校计算机专业的发展做出贡献。

中等职业学校计算机专业教材编委会

2008年7月

前　言

　　Photoshop CS3是对数字图形处理编辑和创作专业工业标准的一次重要更新。　Photoshop CS3引入精确的新标准，提供了数字化的创作和控制体验。本书以Photoshop CS3中文版为平台，详细讲述了利用Photoshop CS3进行图形图像处理和创作的流程及方法。

　　本书本着"任务驱动、案例教学"和"学生为主，教师为辅"的宗旨，充分考虑了中等职业学校教与学的实际需求，结合中职学生的就业方向进行了有针对性的教学设计。

　　本书特色：

　　1.采用任务驱动模式，通过具体任务的完成，引出相关概念，避免了从纯理论入手的传统教学模式。

　　2.在任务难度的编排上，遵循了先易后难的原则，从难度较小、知识点单一的"证件照"制作到难度较大、知识点较多的滤镜制作，梯度合理。

　　3.在传授图形软件操作技能的同时，用"作品分析"的方式，培养学生的美学观念和鉴赏能力。

　　4.任务实例多样，且贴近现实生活，如证件照排版、大头贴制作、广告招贴、时尚写真等都能体现本软件在生活中的作用。

　　本书各模块内栏目的构成及功能如下：

　　【模块综述】概括说明本模块将要介绍的知识点和操作技能，以及学生应达到的目标。

　　【任务概述】简述本任务要完成的具体任务及涉及到的相关知识点。

　　【做一做】在任务的讲述过程中，让学生去体验的一些具体操作。

【友情提示】包含知识性总结，提醒学生容易犯错的操作，以及一些操作技巧等方面的内容。

【知识窗】讲述与本任务实例及知识有关的社会行业知识，增加学生的行业知识。

【想一想】学生对所做实例知识的总结与回顾。

【自我测试】每个任务结束后，给出几个操作题，让学生上机练习，以检查学生对本任务操作技能的掌握情况。

参加本书编写的人员有：模块一由重庆市九龙坡职业教育中心的吴万明老师和广西玉林农业学校的班祥东老师编写，模块二和模块三由重庆市龙门浩职业中学的陈果老师编写，模块四和模块五由北培职业教育中心的施念星老师编写，模块七和模块八由重庆市九龙职业教育中心的陈良华老师编写，模块六和模块九由重庆市商务学校的欧阳崇坤老师编写，模块十由重庆市九龙坡职业教育中心的吴万明老师编写。整本书由陈良华老师和吴万明老师共同统稿并定稿。

本书由重庆市计算机中心教研组的文力平老师审阅，在此致谢。同时感谢资深设计师、广告公司设计艺术总监汤兵先生的大力支持。

由于作者水平有限，时间仓促，书中难免有错误和疏漏之处，敬请广大读者批评指正。

作　者

2008年7月10日

目　录

1

模块一

初识Photoshop CS3

模块综述

　　Adobe Photoshop CS3 Extended 是电影、视频和多媒体领域使用3D、动画图形、Web设计的专业人士以及工程和科学领域的专业人士的理想选择。在本模块中，我们将从图形图像的基本处理方法入手，介绍Photoshop CS3的界面操作，文件操作，并通过一个"证件照排版"实例的讲解，让同学们逐步进入Photoshop CS3 并领略它的魅力，探索它的奥妙。

　　学习完本模块后，你将能够：

● 了解图形图像处理的概念和图形图像处理的常用软件。
● 掌握Photoshop CS3的界面及其操作方法。
● 掌握证件照的排版方法以及证件照的相关知识。
● 掌握Photoshop CS3中文件的基本操作及文件的格式。

任务一　走进图形图像处理

 任务概述

　　一幅广告作品、一则广告视频的制作，是一个系统工程，是由一个有规划有组织的集体运作而成。广告作品中的主要工作之一就是对图形图像进行处理。本任务将要学习图形图像处理的流程与常用软件概述。

做一做

　　根据金考拉木棉保暖内衣广告图及创意说明，回答下列问题。

　　创意说明：此创意在于表现金考拉保暖内衣除具有保暖功能外，还具有款式时尚的特点。一般品牌保暖内衣是穿在外套里面，露出来会比较尴尬，而金考拉则不同，不是只能紧紧穿在外套里面，可以在适当的时候作为时尚T恤穿，因此创意点就在"亮"上。

1. 如果你要制作此幅广告，你应该收集或制作哪些图片素材？

_____

2. 对收集到的图片应该处理哪些部分，才能达到此效果？

_____

友情提示

　　在广告创意设计中，最基础也是最复杂的一步是图像处理，即对创意需要的素材进行加工处理使其符合创意需要。如上面的广告中只需要如下两幅图，根据创意主题，经过合理的图形图像处理，就可以得到上面的广告作品。

　　在广告公司工作的中职学生最常做的工作就是图形图像处理，所以掌握常规的图形图像处理步骤是非常必要的。市场上最常用的图形图像处理软件是Photoshop软件，而使用Photoshop 软件处理图形图像的常用步骤大致如下：

　　1.旋转和裁剪——对角度不合适的图片进行旋转，对不需要的图片部分进行裁剪，可以减少后面的工作量，但是越大的图片处理起来越慢（对需要进行旋转、裁剪的，则先进行此步骤）。

　　2.去斑——消除图片的划痕，斑点，蒙尘。

　　3.色阶——色阶窗口会告诉你图像的影调是否完整，调整色阶可以将图像中的黑白定义正确，通常也可能解决对比度和饱和度的问题。

　　4.亮度——不要使用 Photoshop CS3 中的亮度/对比度控制选项，而使用色阶中的"灰点"进行调整，也可以调整曲线改变亮度。

　　5.色彩平衡——如果在调整色阶之后还有色彩问题，可以利用Photoshop CS3中的很多方法校正，比如定义灰点，等等。

　　6.饱和度——饱和度低通常由于较差的色阶引起，如果调整色阶后还有饱和度的问题，可以通过增加曲线的斜率提高画面的饱和度和亮度，也可以通过调整色相/饱和度进行调解。

　　7.图像的尺寸——如果需要在不同的介质上输出图像，这时候可以根据需要改变图像的分辨率。

　　8.锐化——锐化最好放在最后，因为上述的操作都会影响图像中的边缘和噪声信息。

　　9.修复和去除杂质——由于前述步骤的原因，有可能会将一些错误信息带出来，那么可在本步修复一些，越少的修复越好。

 友情提示

  不是每幅图形的处理都要用到这些步骤，且先后顺序也不一定照搬，唯一的标准是用户满意。

 知识窗

广告设计工作流程

1.运作方式

  任何一家广告公司都有其自身的工作流程，下面是某广告公司的运作方式与设计工作流程：

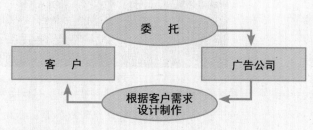

2.详细工作流程

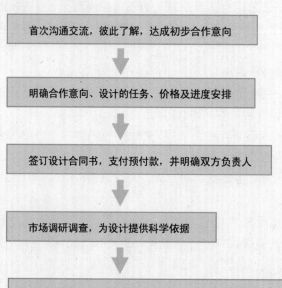

首次沟通交流，彼此了解，达成初步合作意向

明确合作意向、设计的任务、价格及进度安排

签订设计合同书，支付预付款，并明确双方负责人

市场调研调查，为设计提供科学依据

图形创意设计构思：分析、讨论，对设计方案进行筛选、修改，确定设计方案

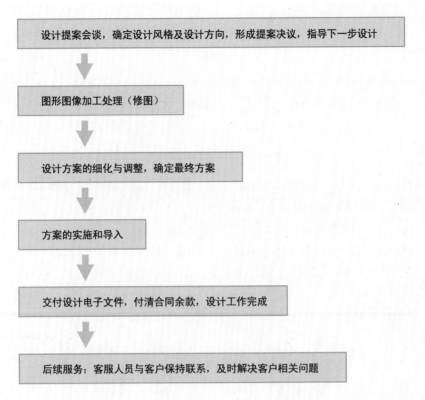

归纳以上步骤，可以得知广告创意设计人员在设计每一幅作品的工作流程是：

根据客户要求分析提炼创意的核心思想，将创意思想描述出来给客户审核，即创意描述。客户通过后，寻找创意元素（图片、文字等），进行图形图像处理（修图）。

中职学生在广告设计领域中的主要工作就是图形图像处理。

任务二　走进 Photoshop CS3

任务概述

　　Adobe Photoshop CS3是Adobe公司推出的最新产品，是功能最强大、性能最稳定的专业级图形图像处理软件。本任务我们将学习它的启动，了解它的启动界面，为后续学习打下基础。

5

Photoshop CS3 的启动与界面

 操作步骤

1. 在安装完Photoshop CS3后，可以通过"开始\程序\Adobe Photoshop CS3\ Adobe Photoshop CS3"启动Photoshop CS3，工作窗口界面如下图所示。

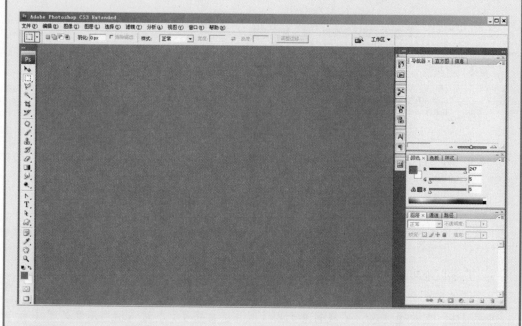

提示

Photoshop CS3启动后没有图像，需要打开一个图像文件。打开文件的方法有：

● 执行"文件/打开"命令（快捷键Ctrl+O）。

● 执行"文件/最近打开文件"命令，并从子菜单中选择一个文件。

● 双击屏幕上灰色区域。

● 按住Ctrl键可选择不连续的多个文件同时打开，按住Shift键可选择连续的多个文件同时打开。

2. 执行"文件/打开"命令，在弹出的对话框中选择一个图片文件，再单击"打开"按钮打开一张图片，界面将如下图所示。

想一想

1.启动Photoshop CS3还有哪几种方法？(至少写出两种方法)请写出各方法的操作步骤。

方法一：＿＿＿＿＿＿＿＿＿＿＿＿＿＿＿＿＿＿＿＿＿＿＿＿＿＿＿＿＿＿＿

方法二：＿＿＿＿＿＿＿＿＿＿＿＿＿＿＿＿＿＿＿＿＿＿＿＿＿＿＿＿＿＿＿

2．如何将打开的图像放大或缩小？

友情提示

Photoshop CS3 工作窗口

1.Photoshop CS3工作窗口在Windows XP操作系统环境下的启动方法通常有以下几种：

● 双击桌面上的Photoshop CS3快捷图标"  "。

● 执行"开始/程序/Adobe Photoshop CS3"命令。

● 双击任何一个".Psd"格式的文件。

2.Photoshop CS3启动后默认的工作窗口中主要有以下内容：

标题栏：右侧有三个按钮 □回区，用于控制界面的显示大小和关闭文件。

菜单栏：包含Photoshop CS3中的各类图像处理命令，共有"文件"、"编辑"等10个主菜单，而各主菜单下又有若干个子菜单，选择子菜单可以执行相应的命令。

属性栏：显示工具箱中当前所选择按钮的参数和选项设置，不同的工具有不同的属性栏。

控制面板：也称浮动窗口或调板。

"折叠停放"按钮：通过该按钮可以将面板折叠或者展开，扩大工作区的面积。

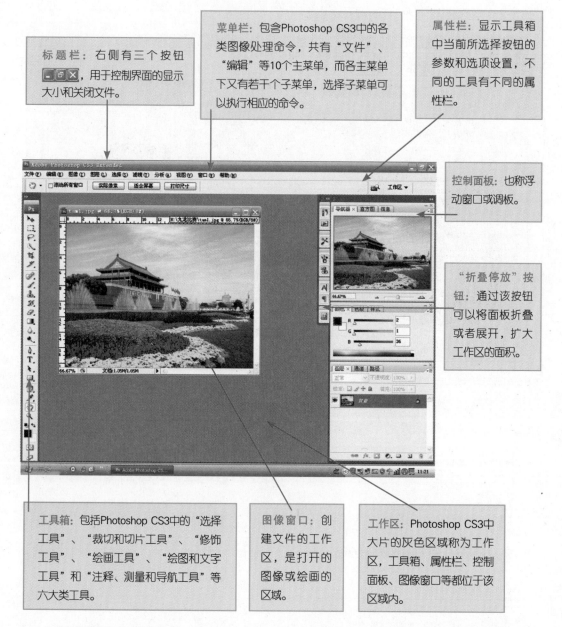

工具箱：包括Photoshop CS3中的"选择工具"、"裁切和切片工具"、"修饰工具"、"绘画工具"、"绘图和文字工具"和"注释、测量和导航工具"等六大类工具。

图像窗口：创建文件的工作区，是打开的图像或绘画的区域。

工作区：Photoshop CS3中大片的灰色区域称为工作区，工具箱、属性栏、控制面板、图像窗口等都位于该区域内。

　　3.工具箱中有些按钮右下角带有黑色小三角形符号，表示该工具还有其他隐藏的工具，用鼠标按住此黑色三角形符号可显示出相关的隐藏工具。工具箱及其隐藏的工具如下图所示。

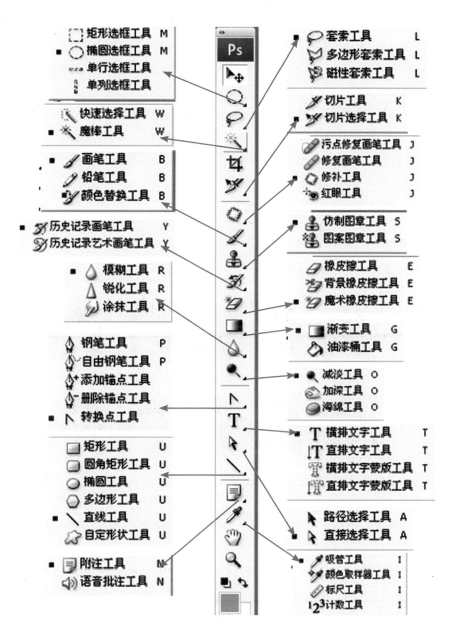

注：在工具箱中各工具右边的字母是该工具的快捷键。

做一做

进入Photoshop窗口界面，打开任意一幅图片，完成下列操作：

1.将工具箱变成两列显示。

2.在"导航图"面板中对图像进行放大和缩小操作。

3.展开和折叠界面右边的各种面板。

任务概述

　　证件照是我们生活中经常用到的图片，本任务将讲述利用Photoshop CS3来快速制作证件照，初步体会Photoshop CS3的操作要点。

证件照的制作与排版

　　效果图欣赏：打开"模块一\素材\效果图.jpg"文件，将会看到一版一寸照片。

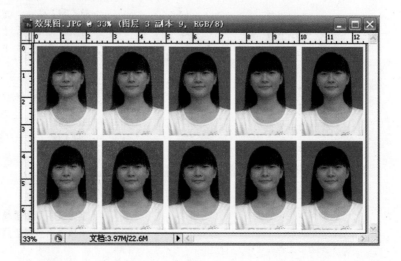

操作步骤

　　1.执行"文件/新建"命令（快捷键Ctrl+N），出现如右图所示的"新建"对话框，设置其宽为12.5 cm，高为7.0 cm，分辨率为320 像素/in，颜色模式为"RGB颜色，8位"，背景内容为"透明"。

2. 单击"确定"按钮后效果如右图所示，图中"A"部分为：文件名\显示比例\图层\颜色模式（颜色深度数）。

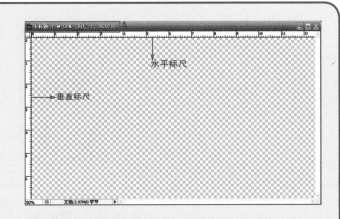

3. 为了精确，从纵标尺上拉出2.5，5.0，7.5，10.0cm的参考线，横标尺上拉出3.5cm的参考线，效果如右图所示。

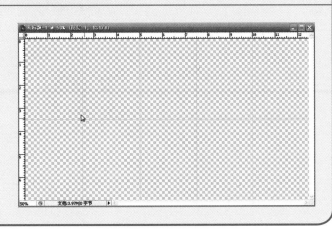

 友情提示

- 显示或隐藏标尺：执行"视图/标尺"命令。
- 更改测量单位：右击标尺，然后从快捷菜单中选择一个新单位。

4.执行"文件/打开"命令(快捷键Ctrl+O)，在素材光盘中找到准备好的2.5 cm×3.5 cm的相片文件（"素材\模块一\标准像.jpg"），结果如右图所示。

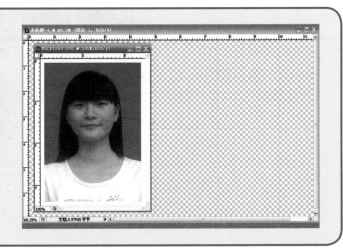

5.选择"移动"工具 ，将相片拖到新建的文件上面，并放于左上角的标尺内，如右图所示。

图像定位于左上角

6.继续利用"移动"工具，按住Alt键，并拖动鼠标，则复制第二张相片。注意目标相片要靠紧参考线，按右图所示的方向进行。

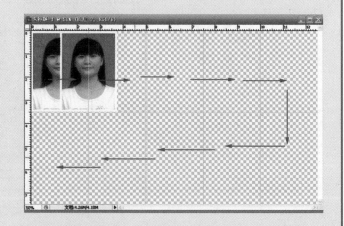

7.复制完成后效果如右图所示。

8.文件的保存。执行"文件/存储"命令，在出现的对话框中选择文件保存的路径和输入文件名，单击"确定"按钮。

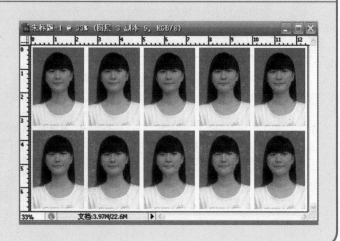

9.如果有照片打印设备，可以执行"文件/打印"命令，出现的对话框如右图所示。

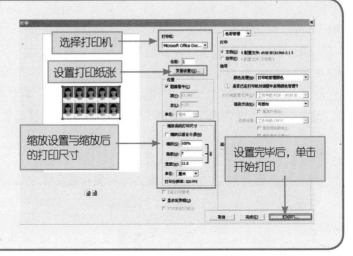

 友情提示

1.新建文件的操作方法

- 执行"文件/新建"命令。
- 按"Ctrl+N"快捷键。

2."新建文件"对话框

（1）"名称"选项：在此项中可以输入新建文件的名称，默认情况下为"未标题-1"。

（2）"预设"选项：可以选择系统默认的纸张尺寸（如A4，B5），或自己定义纸张尺寸。

（3）"宽度"和"高度"选项：设置文件的宽度和高度尺寸，在后面可以设置所使用的单位，包括像素、厘米、毫米、点、派卡和列等。

（4）"分辨率"选项：设置新建文件的分辨率，其中的单位有"像素/英寸"、"像素/厘米"。

（5）"颜色模式"选项：设置新建文件的模式，其中有位图、灰度、RGB模式、CMYK模式和LAB模式，使用最多的是RGB模式和CMYK模式；其后面的颜色位数有：1，8，16，32位。

（6）"背景内容"选项：设置新建文件的背景颜色，有透明、白色等背景色。单击"高级"选项还可以设置颜色配置文件和像素长度比。

3.像素与分辨率

这是Photoshop 软件最常用的两个概念，它们的设置决定了文件的大小和图像的质量。

（1）像素：构成图像的最小单位，每一个像素只显示一种颜色。

（2）分辨率：单位长度内图像的像素数目，通常用"像素/英寸"、"像素/厘米"表示。

分辨率的高低直接影响图像的效果，分辨率越高图像越清楚；反之分辨率越低，图像越不清楚。

（3）实用图像分辨率设置如下表：

用　途	分辨率/（像素·in^{-1}）
喷绘写真（喷绘广告，灯箱片）	100
新闻纸印刷（彩色、黑白）	120
胶版纸、铜版纸印刷	300
精美画册、高档书籍	400
屏幕显示	72

4.图像文件大小

图像文件的大小由图像的宽度、高度和分辨率决定，图像文件的宽度、高度和分辨率越大，图像也就越大，如下图所示。

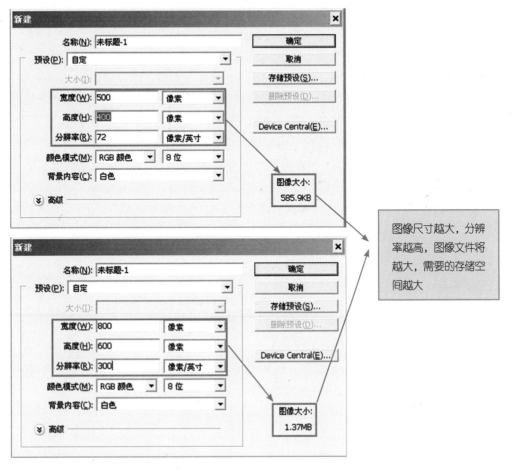

5.文件的打开

打开一个已经存在的图形文件，在任务二中已讲解。

6.文件的存储

对新建的文件或已修改的文件进行保存，主要有以下方法：

● "文件/存储"命令：对当前文件存储并进行命名，如果是文件的修改则按当前格式及原文件名存储文件。

● "文件/存储为"：将修改后的文件重新命名并保存。

● "签入…"：存储文件的不同版本以及各版本的注释。

● "存储为 Web 和设备所用格式"：处理 16 位/通道的图像时，自动将图像从 16 位/通道转换为 8 位/通道。

7.文件的存储格式

在文件存储时需要考虑文件的格式，Photoshop 软件支持很多种图像文件的格式，常用的几种文件格式及性能如下：

（1）PSD 格式：默认的文件格式，而且是除大型文档格式(PSB)之外支持所有图像色彩模式的唯一格式，需要的存储空间是各种格式中最大的。

（2）BMP 格式：DOS 和 Windows 兼容计算机上的标准 Windows 图像格式。支持RGB、索引颜色、灰度和位图颜色模式，形成的文件大小仅次于TIFF格式，属较大文件。

（3）GIF格式：一般用于Web中，只支持256色，能最小化文件大小和电子传输时间。多数全彩色图像都采用这种格式，常用于Web图像。

（4）JPEG 格式：与 GIF 格式不同，JPEG 保留 RGB 图像中的所有颜色信息，压缩比例较大，文件大小适中。JPEG 图像在打开时自动解压缩。在大多数情况下，"最佳"品质选项产生的结果与原图像几乎无分别。

（5）PNG 格式：网络上一种新图像文件格式，采用无损压缩方式，支持24位图像，是JPEG和JIF两种格式优点的结合。

（6）TIFF格式：用于在应用程序和计算机平台之间交换文件。TIFF 是一种灵活的位图图像格式，受几乎所有的绘画、图像编辑和页面排版应用程序的支持。支持具有Alpha 通道的 CMYK、RGB、Lab、索引颜色和灰度图像，以及没有 Alpha 通道的位图模式图像，生成的文件大小仅次于PSD格式，属第2位大小。

8.精确定位图像和元素的方法

（1）标尺：默认标尺的原点在左上角标尺上的 (0，0) 标志，表示开始度量位置。标尺原点也确定了网格的原点，可以根据实际需要修改原点的位置。

（2）参考线：用于精确确定图像或元素的位置。

①参考线的增加　从标尺处水平或垂直拉出的线。

②参考线的移动　将鼠标放于参考线上，指针变成双箭头时进行上下或左右拖动。

③参考线的清除　拖动某一参考线出图像窗口之外或执行"视图\清除参考线"命令；不同的是前者清除某一条参考线，后者清除所有的参考线。

（3）网格：是对对称地布置图像元素很有用的手段。显示或关闭网格时执行"视图/显示/网格"命令（快捷键Ctrl+'）。

 知识窗

常见证件照对应尺寸

1寸： 25 mm×35 mm	7 寸：70 mm×50 mm	赴美签证：50 mm×50 mm
2寸： 35 mm×49 mm	8 寸： 80 mm×60 mm	日本签证：45 mm×45 mm
3寸： 35 mm×52 mm	10寸： 100 mm×80 mm	身份证：22 mm×32 mm
大二寸： 35 mm×45 mm	12寸： 120 mm×100 mm	护照：33 mm×48 mm
5 寸： 50 mm×35 mm	15寸： 150 mm×100 mm	驾照：21 mm×26 mm
6 寸： 60 mm×40 mm	港澳通行证：33 mm×48 mm	车照：60 mm×91 mm

 自我测试

1. 填空题

（1）在Photoshop CS3中，打开文件的快捷键是＿＿＿＿＿＿＿＿＿。

（2）启动Photoshop CS3后的默认界面由＿＿＿＿＿＿＿＿＿＿＿、＿＿＿＿＿＿、＿＿＿＿＿＿、＿＿＿＿＿＿＿、＿＿＿＿＿＿、＿＿＿＿＿＿和折叠图标按钮等几部分组成。

（3）在Photoshop CS3中，要精确定位图像的位置可以采用＿＿＿＿＿＿＿＿、＿＿＿＿＿＿和网格等工具。

（4）Photoshop CS3存盘时默认的文件格式是＿＿＿＿＿＿＿。

2. 判断题

（1）在计算机中图形和图像没有本质区别。　　　　　　　　（　　）

（2）在文件菜单中"签入…"也是一种存盘命令。　　　　　（　　）

（3）分辨率是指矢量图中的细节精细度。　　　　　　　　　（　　）

（4）一般来说，图像的分辨率越高，得到的印刷图像的质量就越好。（　　）

（5）标尺的原点(0,0)总是位于文档的左上角。　　　　　　（　　）

3. 上机练习

利用如下素材，制作一个有12张相片的大头贴版纸。

17

图像的选取与裁剪

模块综述

本模块将对工具箱的"裁剪"工具和"选框"工具、"套索"工具、"魔棒"工具进行介绍，在实际操作中应使用快捷的选取方式，提高制图的效率和精确性。

学习完本模块后，你将能够：

- 掌握"裁剪"工具的使用。
- 掌握选区的应用。
- 掌握"选框"工具、"套索"工具、"魔棒"工具的使用。
- 在较单一的背景下抠出所需要的图案。

任务一 斜塔变正塔——图像的裁剪

任务概述

在图像构图不满意的情况下（如大小不合，倾斜等），"裁剪"工具 ⁴（快捷键"C"）能帮助你进行修整、裁剪，使构图更加均衡、和谐和美观。因此在学习使用"裁剪"工具修整图像的同时，也应掌握一些基本的构图知识。

修正相片中主要景色的位置偏移

修整前　　　　　　　　　　　　　　修整后

操作步骤

1. 打开"素材\模块二\多伦多夜景.jpg"文件。

2. 选择工具箱中"裁剪"工具 ⁴（快捷键"C"）。

3. 在图中拖出一个矩形框，框中的部分是需要保留的，未框中的是需要裁剪掉的内容。移动鼠标到4个角上，当鼠标变成弯曲箭头时，按下鼠标左键拖动旋转到合适位置，如右图所示。

4. 在矩形框中双击鼠标左键，裁切完毕，斜塔变正塔，效果如右图所示。

 想一想

在上面的实例中我们使用了哪些新的知识？请大家把使用的新知识填写在下面的横线上。

_____

_____

 友情提示

"裁剪"工具

1. 裁剪是数码照片后期处理的第一步，以避免浪费精力来处理不需要的内容。

2. 调整裁剪选框的方法：

（1）鼠标指针放在框内并拖移可以将选框移动到其他位置。

（2）拖移角手柄时按住Shift键可使选框按比例缩放。

（3）将指针放在选框外（指针变为弯曲箭头）并拖移可旋转选框。移动中心点可改变选框旋转时所围绕的中心点。

知识窗

图像构图基本知识

（1）构图是指在一定空间范围内，对要表现的形象进行组织安排，形成形象的部分与整体之间、形象空间之间的特定结构形式。

（2）可把重点需要表现的物体放在画面中打圈的位置，这些都是黄金分割点。

21

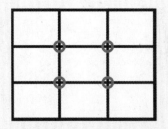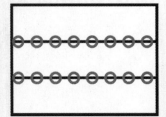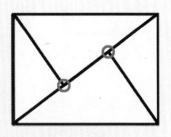

（3）表现高大：高大的物体，一般来说是以竖线条为主的物体，如高山，高大的楼房、塔等。应该把长方形的取景框竖起来，使用竖的取景，可以使景物向上引伸，更能表现它的高大。

（4）表现宽广：以横线条为主的景物。因此，在取景时，应当尽可能用横画面，使横线条的景物得以向两方面延伸，这样便能表现宽广的特点，如长江大桥、万里长城等。

做一做

运用上面的方法修正素材中倾斜的上海夜景图。

修整前

修整后

任务二　可爱福娃——图像的选取

任务概述

　　Photoshop中如需要修改编辑图像中的某部分，首先应选择要编辑的区域，被选定的部分用浮动的虚线选框的方式表示。选区是Photoshop中一个很重要的概念，它被选取出来，能够进行移动、拷贝、描绘，或者色彩调整等操作，同时不会影响选区以外的部分。在本任务里，将分别用"套索"工具、"矩形选取"工具、"魔棒选取"工具、"套索选取"工具等选取方式来选取福娃。

福娃的选取

操作步骤

1.制作福娃背景

　　执行"文件/新建"命令,高为18 cm、宽为16 cm,色彩模式为CMYK模式,分辨率为300像素/in,具体设置如右图所示。

2.用不同方式选取5个福娃

　　（1）打开"素材\模块二\福娃全图.jpg"文件。

（2）调出图层面板（快捷键F7），双击锁定图标后确定，将背景图层转化为一般图层。

指示图层部分锁定

（3）首先选取蓝色福娃贝贝。对于轮廓比较分明的物体，可选择"磁性套索"工具（快捷键"L"）。单击蓝色福娃贝贝图形的边缘，然后依次围绕边缘移动一周，回到起点时再次单击，自动闭合形成选区，福娃贝贝成功选取。

（4）选择"移动"工具（快捷键"V"），将蓝色福娃贝贝移动复制到福娃宣传画的背景上。双击右下方图层面板的图层名称"图层1"，将"图层1"更名为"贝贝"。

（5）对于大面积纯色的背景，使用"魔棒"工具（快捷键"W"）是很快捷的选择，将属性栏设置为：容差：20 单击画面中白色背景将其转换成选区，并反选（快捷键"Ctrl+Shift+I"）。

（6）对于比较规整的物体，可使用"矩形选框"工具 :: （快捷键"M"）选取。用"矩形选框"工具框选晶晶，同时按下Shift＋Alt键交叉选区，福娃晶晶成功选取。用"移动"工具 ⊹ 移动复制到福娃宣传画背景上，图层更名为"晶晶"。

（7）使用相同的方法选出红色福娃欢欢，并移动复制，图层更名为"欢欢"。

（8）使用"魔棒"工具 ✎ （快捷键"W"），将属性栏设置为：

※ ・ ■■■■ 容差：20 □消除锯齿 ☑连续

单击白色背景后按Delete键删除透明背景，选择"多边形套索"工具 ✐ （快捷键"L"），用鼠标左键依次单击黄色福娃迎迎周围区域直至闭合，福娃迎迎成功选取。用"移动"工具 ⊹ 移动复制到福娃宣传画背景上，图层更名为"迎迎"。

（9）使用相同的方法选出绿色福娃妮妮，并将其移动复制到福娃宣传画背景上，图层更名为"妮妮"。

3.选取奥运标志和福娃字样

选择"矩形选框"工具选取奥运标志和福娃中英文文字，并移动至福娃宣传画上。图层分别更名为："标志"和"文字"，制作完毕。

想一想

在上面的实例中我们运用了几种选取工具？请大家把运用的工具名填写在下面的横线上。

友情提示

选区的作用及操作

1.选区的概念

在图像编辑过程中，选择出来的特定区域称为选区，被选定的部分用浮动的虚线选框的方式表示。在选区中，能够进行移动、拷贝、描绘、或者色彩调整等操作而不会影响选区以外的部分。它包含了工具选取、色彩范围选取、命令选取3种选取方式。

2.基本的选区方式

		正方形或正圆选区	添加选区	减少选区	交叉选区
基本的选区方式		按Shift键	按Shift键	按Alt键	按Shift + Alt键
		正常选区　　加选区　　减选区　　交叉选区			
使用工具选取	名称	掌握要点			
	"椭圆选框"工具	选择较规则的圆形选取工具			
	"魔棒"工具	容差就是颜色选取的范围。值越小，选取的颜色越接近，选取范围越小。"魔棒"工具常用于较单一的颜色			
	"套索"工具	简单，但难控制，用在精度不高的区域选择上			
	"多边形套索"工具	用于选出轮廓形状呈线条形的图形			
	"矩形选取"工具	选择较规则的方形选取工具			
	"磁性套索"工具	选出色彩边界明显的图形，该选区可作逐步调节			
使用命令选取	使用色彩范围选取				
	使用选择命令选取	全选	取消选区		反选
		Ctrl + I	Ctrl + D		Ctrl + shift+I

任务三　奥运招贴画——图像的变换与移动

任务概述

　　利用任务二所选出的福娃图形，制作奥运招贴画，从而掌握图像的变换与移动，了解招贴画的特征要点。

制作奥运福娃全家福招贴画

创作主题：表达对2008年北京奥运会的期盼。

广告语：期盼2008北京，期盼中国奥运。

福娃素材

背景素材

完成效果图

操作步骤

1.打开"素材\模块二\福娃选取完毕.psd"文件，如右图所示。

2.打开"素材\模块二\任务三\奥运招贴画背景.jpg"文件，使用"移动"工具 （快捷键"V"）将"福娃选取完毕.psd"中的图层逐层移动复制入奥运招贴画背景中。移动后的画面效果如右图所示。

3.依次链接5个福娃图层，执行"编辑/变换"命令（快捷键Ctrl+T），调整福娃的大小。调整到合适的大小比例后单击回车键确定，如右图所示。

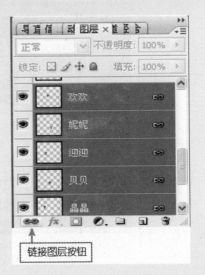

链接图层按钮

4.勾选属性栏的"自动选择"选项（如下图所示），单击画面中的物体，可以方便地选择到物体所在的不同图层。

▶⊕ ▾ ┃ ☑自动选择: 组 ▾ ┃ □显示变换控件

5.使用"移动"工具把5个福娃及文字标志分别移动到画面中适当位置，以符合招贴画创作需要，如右图所示。

6.使用"横排文字"工具 T （快捷键"T"），输入文字"期盼2008北京，期盼中国奥运。"在属性栏选择字体为幼圆，文字大小为14点。

T ▾ ┃ ⬆T 幼圆 ▾ - ▾ ┃ ᴛT 14 点 ▾

7.设置文字色彩为（C:80 M:37 Y:100 K:15）。

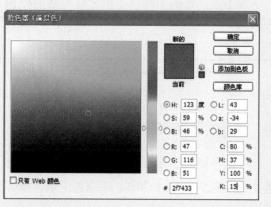

8. 单击文字的图层样式按钮，添加描边效果，大小为13像素。

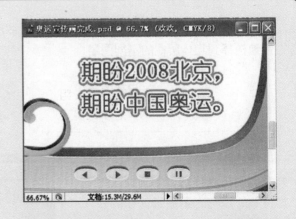

9. 效果图完成，如右图所示。

 想一想

在上面的实例中我们使用了哪些新的知识？请大家把使用的新知识填写在下面的横线上。

 友情提示

移动、变换工具使用与技巧

（1）移动多个图层图像时，可勾选属性栏的"自动选择"选项（ ），通过鼠标单击画面中的物体，可以方便地选择到物体所在的不同图层，提高移动的便捷性。

（2）两个或两个以上图层链接：按住Ctrl键，鼠标单击蓝色部分，单击"链接图层"按钮,如下左图所示。

(3)多个相邻图层链接:按住Shift键,鼠标依次单击需链接首尾图层的蓝色部分,单击链接图层按钮,如下右图所示。

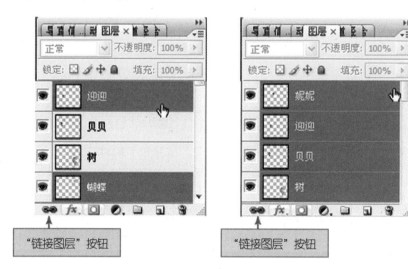

"链接图层"按钮   "链接图层"按钮

 知识窗

招贴

1.招贴的概念

招贴又名"海报"或"宣传画",属于户外广告,分布于各处街道、影(剧)院、展览会、商业区、机场、码头、车站、公园等公共场所,在国外被称为瞬间的街头艺术。

2.招贴的特征

(1)画面大:作为户外广告,招贴画面比各平面广告大,插图大、字体也大,十分引人注目。

(2)远视强:招贴的功能是为户外远距离、行动着的人们传达信息,所以作品的远视效果强烈。

(3)内容广:招贴宣传的面广,它可用于公共类的选举、运动、交通、运输、安全、环保等方面,也可用于商业类的产品、企业、旅游、服务及文化、教育、艺术等方面,能广泛地发挥作用。

(4)兼容性:设计与绘画的区别在于设计是客观的、传达的,绘画是主观的、欣赏的,而招贴是融合设计和绘画为一体的媒体。

3.招贴设计的局限

（1）文字限制：远距离、行动的人们观看，所以文字宜少不宜多。

（2）色彩限制：色彩宜少不宜多。

（3）形象限制：形象一般不宜过分细致周详，要概括。

（4）张贴限制：公共场所不宜随意张贴，必须在指定的场所内张贴。

 自我测试

1. 填空题

（1）调整裁剪选框，拖移手柄可缩放选框。拖移角手柄时按住_____键可使选框按比例缩放。

（2）被选区选定的部分用_____虚线选框的方式表示。它被隔离出来，能够进行移动、拷贝、描绘、或者色彩调整等操作而_____影响选区以外的部分。

（3）使用_____工具可以移动图像；使用_____工具可以将图像中的某部分图像裁切成一个新的图像文件。

（4）"魔棒"工具的快捷键是_____，用_____工具来调整福娃的大小。

（5）创建正方形或正圆选区的快捷键是_____，添加选区按_____键，减少选区按_____键，交叉选区按_____键。

（6）全选的快捷键是_____，取消选区的快捷键是_____，反选的快捷键是_____。

（7）"套索"工具的作用是_____，选择_____命令可以打开或关闭图层面板。

2. 操作题

运用光盘提供的包装盒效果的素材（如下左图），制作以下效果（如下右图），检验对变换和选取工具的掌握情况。

素材   效果图

图像的绘制与编辑

模块综述

在进行图形图像的处理过程中常会遇到对图像的编辑与绘制，如绘制一些山水充当背景，在Photoshop中可以利用"绘画"和"编辑"工具来实现。其中"绘画"工具主要有"画笔"工具、"铅笔"工具、"渐变"工具和"油漆桶"工具；"编辑"工具主要有"历史记录画笔"工具、"修复画笔"工具、"图章"工具、"橡皮擦"工具及"模糊"、"锐化"、"涂抹"、"减淡"、"加深"和"海绵"工具等。熟练掌握这些工具的应用会对图形图像的处理起到事半功倍的效果。

学习完本模块后，你将能够：

● 掌握"画笔"工具和"铅笔"工具的使用。
● 掌握"渐变"工具和"油漆桶"工具的使用。
● 掌握"历史记录画笔"工具和"修复画笔"工具的使用。
● 掌握"图章"工具、"橡皮擦"工具及"模糊"工具的使用。
● 掌握"模糊"、"锐化"、"涂抹"、"减淡"、"加深"和"海绵"工具的使用。

任务一　山水画——图像的绘制

任务概述

　　本任务通过对山水画的绘制来讲解"画笔"工具、"渐变"工具及"油漆桶"工具的使用与设置技巧，了解中国山水画的构图要点。

利用画笔工具绘制一幅山水画

创作主题：自然、生动的水墨淡彩中国画。

创作理念：轻重浓淡画中现。

操作步骤

1.绘制石头

　　（1）执行"文件/新建"命令，设置如右图所示。

　　（2）选择"画笔"工具（笔触：30；设置喷枪功能：不透明），画出石头的大体轮廓，注意不要太呆板。

提示

　　要让水墨效果自然、生动，可以通过调节画笔不透明度、流量值的变化来控制轻重浓淡变化，用"涂抹"工具、"模糊"工具、"减淡"工具可表现出水墨晕染效果。

（3）继续用不透明度88％，流量85％的"画笔"工具绘制出石头的大体轮廓，如右图所示。

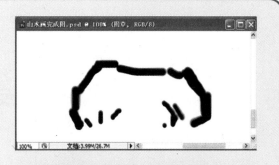

（4）用"涂抹"工具和"模糊"工具（R）沿线条涂抹勾画，可体现出毛笔绘画和晕染的效果，如右图所示。

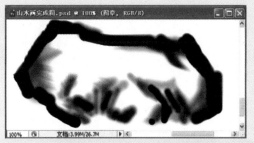

2.绘制树枝、树叶

（1）选择"画笔"工具，设置如右图所示。

（2）用"画笔"工具（快捷键"B"）和"涂抹"工具（快捷键"R"）画出枝条，如右图所示。

（3）建立"树叶"图层，选择"画笔"工具，属性栏设置如下图所示。

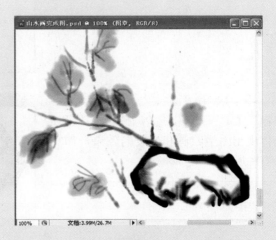

（4）画出叶片，用"油漆桶"工具上灰色以体现国画的轻重浓淡变化，如右图所示。

（5）选取"涂抹"工具中的手指绘画，同"喷枪"工具一起画出叶脉，使树叶效果更加生动自然，接近真实的水墨效果，如右图所示。

3.绘制花朵

（1）用不透明度为30％的"画笔"工具画出花朵大体轮廓，再用"加深/减淡"工具（快捷键"0"）对转折处进行加深，中间部分进行减淡。

（2）绘制出花朵的阴影，用"画笔"工具给花朵染上黄色（K:55），参数设置如下。

（3）复制两花朵，运用"变换"工具（快捷键Ctrl＋T）调整它的大小、位置和方向等，如右图所示。

4.文字图章素材

打开"素材\模块三\文字图章.jpg"文件，用"移动"工具将其放入山水画中，完成后效果如右图所示。

想一想

在上面的实例中我们用到了哪些新工具？请将新工具的名称写在下面的横线上。

 友情提示

绘画工具（位于Photoshop CS3工作窗口左侧的工具箱中）

1.绘图工具

在Photoshop CS3中，绘画可以利用的绘图工具：

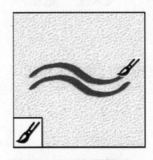

"画笔"工具可绘制画笔描边

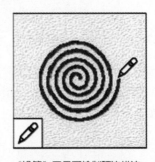

"铅笔"工具可绘制硬边描边

"颜色替换"工具可将选定颜色替换为新颜色

"历史记录画笔"工具可将选定状态或快照的副本绘制到当前图像窗口中

"历史记录艺术画笔"工具可使用选定状态或快照，采用模拟不同绘画风格的风格化描边进行绘画

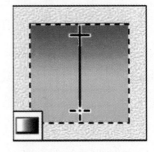

"渐变"工具可创建直线形、放射形、斜角形、反射形和菱形的颜色混合效果

"油漆桶"工具可使用前景色填充选区或填充着色相近的区域

2."画笔"工具或"铅笔"工具的使用

"画笔"工具和"铅笔"工具可在图像上绘制当前的前景色,"画笔"工具创建颜色的柔描边,"铅笔"工具创建硬边直线,使用步骤如下:

（1）选取一种前景色。

（2）选择"画笔"工具 ✐ 或"铅笔"工具 ✐ 。

（3）从"画笔预设"选取器中选取画笔。

（4）在选项栏中设置模式、不透明度等工具选项。

（5）按下列方法之一或组合绘画操作:

● 在图像中拖动来进行绘画。

● 要绘制直线,请在图像中单击起点,然后按住 Shift 键并单击终点。

● 在将画笔工具用作喷枪时,按住鼠标按钮（不拖动）可增大颜色量。

3.绘画工具选项

（1）模式:设置如何将现有颜色与图中原有像素混合的方法,可用模式将根据当前选定工具的不同而变化。

（2）不透明度:设置应用颜色的透明度。在某个区域上方进行绘画时,无论将指针移动到该区域多少次,不透明度都不会超出设定的级别。如果再次在该区域上方描边,则将会再应用与设置的不透明度相当的其他颜色。若不透明度为100%,则表示不透明。

（3）流量:指针移动到某个区域上方时应用颜色的速率。在某个区域上方进行绘画时,如果一直按住鼠标按钮,颜色量将根据流动速率增大,直至达到不透明度设置。

（4）喷枪 ✐ :使用喷枪模拟绘画。

（5）自动抹除（仅限"铅笔"工具）:在包含前景色的区域上方绘制背景色,选择要抹除的前景色和要更改的背景色。

 知识窗

山水画

1.水墨山水画

水墨山水就是用墨的淡、清、浓、重、稠等色调来表现山水的技法。水墨山水是唐代大诗人王维奠定的基础,他擅长以墨的浓淡、干湿,表现峰峦山石景色。

2.青绿山水

青绿是指中国画颜料中的石青和石绿。用这种颜料作为主色的山水画,称作"青绿山水"。其中又有大青绿、小青绿之分。前者多勾廓,皴笔少,着色浓重;后者是在水墨淡彩的基础上略施青绿二色。

3.浅绛山水

在水墨勾勒皴染的基础上，敷设以赭石为主色的淡彩山水画。元代著名画家黄公望、王蒙等喜欢作这种山水画。

4.没骨山水

"没骨"是中国画技法的名称，指不用墨线勾勒，直接以彩色描绘物象。用这种方法画的山水画，称为"没骨山水"。

任务二　卡通画上色——图像的填充

任务概述

本任务通过对一幅卡通画线框图上色，掌握图像填色的方式与技巧。

给卡通画上色

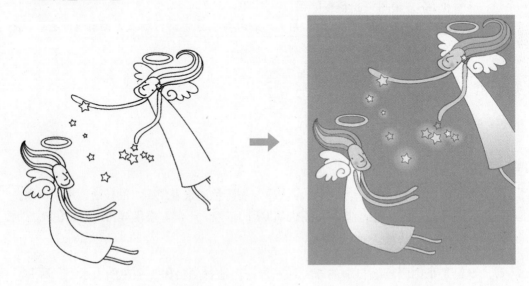

操作步骤

1. 打开"素材\模块三\黑白线框图.jpg"文件，如右图所示。

2. 使用"魔棒"工具单击画面白色部分，反选选中线框，填充前景色（C:47 M:68 Y:100 K:8），如下图所示。

3.新建"天空"图层。使用"魔棒"工具（快捷键"W"），加选（Shift键）需要填色的空白区域，使用"渐变"工具（快捷键"G"），进行从上到下的渐变填充(C:80 M:5 Y:10 K:0到C:80 M:20 Y:0 K:0)。

4.使用"魔棒"工具选出衣服，用"渐变"工具从右下方至左上方拖拉渐变填充(C:5 M:20 Y:5 K:0到C:0 M:0 Y:0 K:0)。

5.用"魔棒"工具选出卡通人物的脸，状态栏设置如下图，设定前景色为粉色(C:5 M:15 Y:15 K:0)，用Alt+Delete填充，用"画笔"工具设置一羽化笔触打上腮红，如右图所示。

6.回到线框图层，"魔棒"工具点选人物的一根发丝，设置前景色为（C:10 M:30 Y:50 K:0）填充发丝，按Ctrl+D键取消选区，如右图所示。

7.回到线框图层，"魔棒"工具点选人物的第二根发丝，设置前景色为（C:18 M:37 Y:45 K:0）填充发丝。按Ctrl+D取消选区，如右图所示。

8.用同样的方法，依次填充头发的发丝，画面从右至左的色彩是（C:8 M:18 Y:42 K:0）、（C:20 M:28 Y:38 K:0）、（C:24 M:41 Y:53 K:0），按Ctrl+D键取消选区。

9. 回到线框图层，使用"魔棒"工具选出卡通人物的头和脚，用"吸管"工具吸取卡通人物脸部的颜色，用Alt+Delete键进行填充，Ctrl+D键取消选区。

10. 新建"光环"图层。使用"魔棒"工具选出卡通人头上的光环，设定前景色为（C:5 M:5 Y:55 K:0），用Alt+Delete键填充，按Ctrl+D键取消选区，如右图所示。

11. 新建"星星"图层。选出星星填色，4颗星为（C:4 M:2 Y:15 K:0），3颗星为（C:36 M:3 Y:7 K:0），2颗分别为（C:6 M:3 Y:45 K:0）和（C:6 M:38 Y:5 K:0），如右图所示。

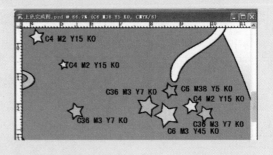

12. 新建"光晕"图层放置于"星星"图层下方。围绕星星建一个圆形选区，使用添加到选区的方法，同时绘制出多个星星的光晕，使用"渐变"工具填充（C:10 M:0 Y:95 K:0,C:10 M:0 Y:80 K:0,不透明度为30%, C:80 M:5 Y:20 K:0不透明度为20%），效果如下图所示。

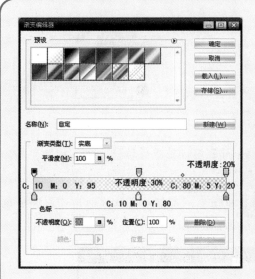

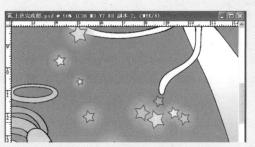

13.新建"云朵"图层，用"钢笔路径"工具勾画出随意的云朵外形，如右图所示。

14.按Ctrl+Enter键路径转换为选区，设置云朵图层不透明度为70%，完成制作，如右图所示。

友情提示

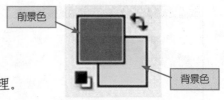

颜色填充

1.填充的概念

填充是指以指定的颜色或图案对所选区域的处理。

2.填充的4种方式

●键盘命令：Ctrl+Del键，背景色填充；Alt+Del键，前景色填充。恢复初始色彩，快捷键"d"；前景色背景色互换，快捷键"x"。

●"颜料桶"工具：(快捷键"G")使用前景色填充，选择前景色；使用指定图案填充，则设置图案。双击"颜料桶"工具，打开选项面板如下图所示进行设置。

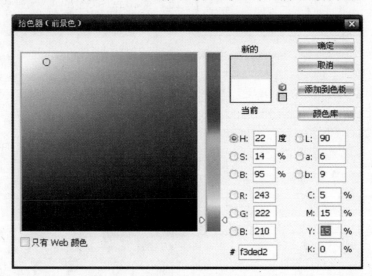

●填充命令快捷键（Shift+F5）：使用"填充"命令可按所选颜色或定制图像进行填充，以制作出别具特色的图像效果。

●"渐变"工具（快捷键"G"）：产生两种及以上颜色的渐变效果。

渐变方式：线性渐变、径向渐变、角度渐变、对称渐变和菱形渐变5种渐变方式。

5种渐变方式

线性渐变　径向渐变　角度渐变　对称渐变　菱性渐变

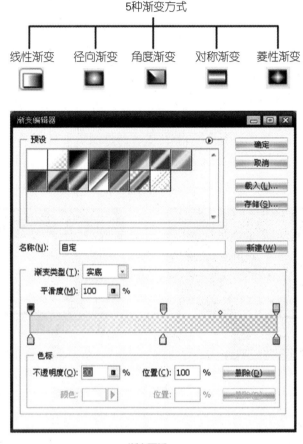

渐变面板

 知识窗

卡通画上色注意事项

给卡通、漫画上色分提线和上色两个步骤，二者都不能忽视。

提线：常用方法是执行"图像/调整/亮度对比度或曲线（快捷键Ctrl+m）或色阶（快捷键Ctrl+1）"，使画面里存在绝对黑色和绝对白色，没有灰色。

线稿图层模式从普通改为正片叠底，在线稿下层新建图层，可直接用"画笔"绘制，也可用"油漆桶"工具（线条形成封闭空间的适宜"油漆桶"工具上色）。

上色：需考虑光源、体积感、色彩感等，利用"加深"、"减淡"、"海绵"工具等可以用做细部处理。

任务三　时尚写真——图像的修复与美化

任务概述

　　本任务中通过对相片的修复和美化来掌握"仿制"工具、"修复"工具、"橡皮擦"工具、"模糊"工具的使用，了解化妆常识。

时尚前卫写真

美化前

美化后

操作步骤

　　1. 打开"素材\模块三\时尚前卫写真.jpg"文件，放大观察，发现该女生的面部问题较多，如：黑眼圈、痣、皱纹、肤色暗沉、不均匀等，需要我们利用Photoshop来进行美化处理。

　　2. 运用曲线（快捷键Ctrl＋M）整体调整，提亮肤色。

　　3. 运用"修补"工具 （快捷键"J"）做修补工作。首先找原点，再拖动到需要复制的点，把女生脸上的痣遮盖，按Ctrl+D键取消选区。

4. 使用"减淡"工具 （快捷键"0"），淡化黑眼圈、嘴角、眼袋、祛除眼部皱纹，如右图所示。

5. 使用"模糊"工具 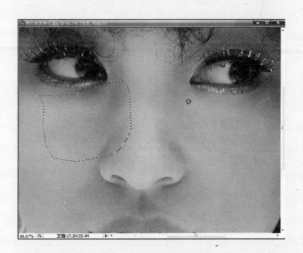（快捷键"R"），模糊眼角处的皱纹，如右图所示。

6. 使用"模糊"工具模糊女生嘴角处的肤色不匀和暗沉现象。

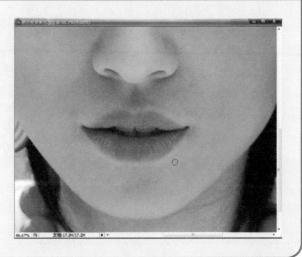

7. 运用"仿制图章"工具 🔲（快捷键"S"），细化肌肤纹理。

8. 选择菜单栏/图层/复制，复制名为"背景副本"图层。将"背景副本"图层混合模式选为线性减淡，更改不透明度为60%，合并图层（快捷键Ctrl+E）。

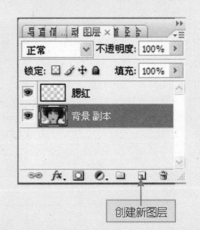

创建新图层

9. 新建一腮红图层，打上腮红，完成制作。

想一想

商场的化妆品专柜常看见皮肤处理得很好的明星的画面，请回忆画面，结合这个实例，推测一下都用了哪些Photoshop工具处理，请将这些工具名称写在下面的横线上。

_____

_____

友情提示

修饰工具

对图像进行修复和美化常用到的工具是"仿制"工具、"修复"工具、"擦除"工具、"模糊"工具等，灵活掌握这些工具的使用，对图像处理很有帮助。

Photoshop CS3修饰工具及其作用：

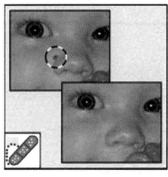

"污点修复画笔"工具可移去污点和对象

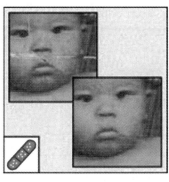

"修复画笔"工具可利用样本或图案绘画以修复图像中不理想的部分

"修补"工具可使用样本或图案来修复所选图像区域中不理想的部分

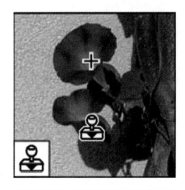

"仿制图章"工具可利用图像的样本来绘画

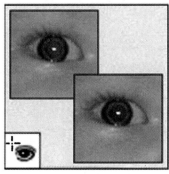

"红眼"工具可移去由闪光灯导致的红色反光

"图案图章"工具可使用图像的一部分作为图案来绘画

"橡皮擦"工具可抹除像素并将图像的
局部恢复到以前存储的状态

"背景橡皮擦"工具可通过拖动将区域
擦抹为透明区域

"魔术橡皮擦"工具只需单击一次即可
将纯色区域擦抹为透明区域

"模糊"工具可对图像中的硬边缘进行
模糊处理

"锐化"工具可锐化图像中的柔边缘

"涂抹" 工具可涂抹图像中的数据

"减淡"工具可减淡该区域的颜色，使
图像中的区域变亮

"加深"工具可加深该区域的颜色，使
图像中的区域变暗

"海绵"工具可更改区域的颜色饱和度

自我测试

1. 填空题

（1）"修复"工具和＿＿＿＿＿＿＿＿都可以用于修复图像中的杂点、蒙尘、划痕及褶皱等。

（2）"渐变"工具提供了线性渐变、＿＿＿＿＿＿、＿＿＿＿＿＿、＿＿＿＿＿＿和菱形渐变5种渐变方式。

（3）单击图层面板底部的按钮＿＿＿＿＿＿＿，可以快速新建一个空白图层。

（4）复制图层可以通过图层面板来实现，还可以通过选择＿＿＿＿＿＿命令实现。

（5）进行完全一样的图像复制时，使用的工具是＿＿＿＿＿＿。

（6）具有消除皱纹或斑痕效果的工具是＿＿＿＿＿＿。

（7）拍摄照片时，由于聚焦不良等原因，可能会使图像变得模糊不清。可使用＿＿＿＿＿＿尽可能地解决该问题。

2. 操作题

（1）利用"绘画"工具绘制一幅繁星点点的夜空图。

（2）利用"修复"和"美化"工具对自己的相片进行美化或艺术化处理。

图像的色彩调整

模块综述

　　在图片处理过程中，经常遇到图像偏色，或者图像色彩不符合设计要求等情况，本模块将讲解Photoshop对图像颜色调节的功能。

　　通过这个模块的学习，你将能够：

● 了解色相、饱和度、对比度的相关知识。
● 熟练掌握利用"色相/饱和度……"对图像进行色彩调整。
● 熟练掌握"曲线"调整图像的色调。
● 了解色彩调整的其他命令。
● 了解溢色的基础知识。
● 了解色调的基础知识。

任务一 老照片翻新——色彩基本调整

任务概述

　　在实际应用中，往往会碰到将黑白图片翻新（上色）或者给人物的衣服、口红等换色的操作，本任务中通过给菊花上色让学习者学到如何利用"色相/饱和度"命令给一个黑白图上色。

将黑白相片制作成彩色相片

操作步骤

　　1. 打开"素材\模块四\灰度菊花.jpg"文件。

　　2. 执行"图像/模式/RGB颜色"命令，将灰度模式的图像转换成 RGB色彩模式的图像。

提示

　　这是上色操作很关键的步骤，如果图像是灰度模式，是无法给图像上色的。

3. 单击"图像/调整/色相/饱和度…"后，弹出"色相/饱和度"对话框。

4. 将"色相/饱和度"对话框中各项设置调整为如左下图所示，单击"确定"按钮后，得到右下图所示效果。

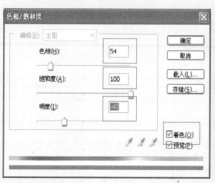

提示

一定要选中"着色"项。

5. 选出菊花以外的区域，执行"图像/调整/亮度/对比度"命令，进行"亮度/对比度"调整，降低叶子的亮度，亮度参数如左下图所示；再进行"色相/饱和度"调整，对叶子进行上色，设置参数如右下图所示。

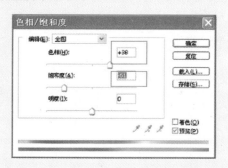

6. 最后效果如右图所示。

 做一做

1. 拖动"色相"调整轴，观察颜色的变化情况。

_____

_____

2. 拖动"饱和度"调整轴，观察颜色的变化情况，并将值的变化范围记录下来。

_____

_____

3. 拖动"亮度"调整轴，观察亮度的变化情况，并将值的变化范围记录下来。

_____

_____

 友情提示

色彩基本调整

在Photoshop众多调节色相和明暗度的命令中，"色相/饱和度"是最直接和最简单的一种，可以调整图像中特定颜色分量的色相、饱和度和亮度，或者同时调整图像中的所有颜色。

（1）直接用鼠标单击并按住最上面色相（或者饱和度、亮度）选项框的小三角，来

回拖动或直接在数据框中输入数据来调节。初始值为0，最大为+180，最小为−180。控制板的下端有两条色带，色带上的颜色是按色谱的顺序排列的，上面一条是指原图的色彩，而下面一条则是指调节后的色彩，如右图所示。

（2）在"色相/饱和度"对话框中，从"编辑"项目中选取一种颜色。

对话框中会出现4个色轮值（用度数表示），它们与出现在这些颜色条之间的调整滑块相对应。两个内部的垂直滑块定义颜色范围，两个外部的三角形滑块显示对色彩范围的调整在何处"衰减"（"衰减"是指对调整进行羽化或锥化，而不是突然开始/停止应用调整）。当移动小三角时，下面的色谱就会移动。用这个命令调色时，整个图片的颜色都在按色谱的顺序变化，调节的要点是：既要保证调节的颜色得到改善，又要尽量保留原图中想要保留的颜色。

（3）使用"吸管"工具或调整滑块来修改颜色范围。

使用"吸管"工具 ，在图像中单击或拖移，以选择颜色范围。要扩大颜色范围，用"添加到取样"吸管工具 在图像中单击或拖移；要缩小颜色范围，用"从取样中减去"吸管工具 在图像中单击或拖移。在"吸管"工具处于选定状态时，可以按 Shift 键来添加到范围，或按 Alt 键从范围中减去。

①拖动其中一个白色三角形滑块，将调整颜色衰减量（羽化调整）而不影响范围。

②拖动三角形和竖条之间的区域，将调整范围而不影响衰减量。

③拖移中心区域来移动整个调整滑块（包括三角形和垂直条），将选择另一个颜色区域。

④通过拖移其中的一个白色垂直条来调整颜色分量的范围。从调整滑块的中心向外移动垂直条，并使其靠近三角形，从而增加颜色范围并减少衰减；将垂直条移近调整滑块的中心并使其远离三角形，从而缩小颜色范围并增加衰减。

按住 Ctrl 键拖移颜色条，使不同的颜色位于颜色条的中心。

⑤色相/饱和度调整滑块如下图所示。

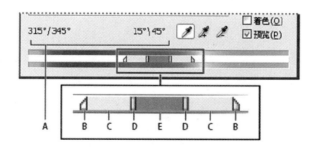

图中：

A."色相"滑块值；   B.调整衰减而不影响范围；

C.调整范围而不影响衰减;　　　　D.调整颜色范围和衰减;

E.移动整个滑块

如果修改调整滑块,使它归入不同的颜色范围,则其在"编辑"菜单中的名称会改变以反映这个变化。例如,如果选择"红色"并改变其范围以使其进入颜色栏的红色部分,则名称将变为"红色 2",最多可以将6个单独的色彩范围转换为同一色彩范围的变体(例如,"红色"到"红色 6")。

注意:默认情况下,在选择颜色成分时,颜色的选定范围是 30°宽,即两端都有 30°的衰减。衰减设置得太低会在图像中产生带宽。

色相、饱和度和亮度、色彩的溢色

色彩具有3种属性,即色相、亮度和饱和度,它们在任何一个物体上都同时显示出来,不可分离,称为色彩三要素,并把它们作为区别和比较各种色彩的标准。

●色相:既即通常说的红、橙、黄、绿、青、紫等色彩名称。色相是颜色的基本特征,是一种颜色区别于另一种颜色的要素。

●饱和度(又称彩度):指颜色的强度或纯度,通常说某个物体色彩鲜艳,就是指它的饱和度高;某物体的色彩浑浊不清,就是指它的饱和度低。

●亮度:颜色的相对明暗程度。

●在计算机中显示的颜色若超出了CMYK模式的色域范围,就会出现"溢色"。

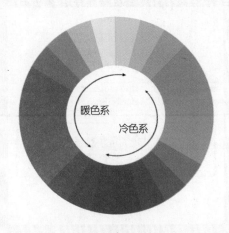

任务二　四季效果——色调调整

任务概述

　　色调的调整在图形处理中经常会遇到的，在本任务中我们将通过把一张照片处理成四季的不同色调来学习色调调整的方法和技巧。

四季效果图制作

　　你心中的四季是什么颜色？春天是嫩绿、鲜艳的，夏天是墨绿、厚重的，秋天是金黄、喜庆的，冬天是雪白、忧伤的。下面利用Photoshop做出四季的效果。

操作步骤

　　1.打开"素材\模块四\四季图.jpg"文件。

　　2.单击图层调板上的"创建新的填充或调整图层"按钮，在弹出的菜单中选择"色阶…"命令，添加"色阶调整图层"，在"色阶调整"对话框（如左下图所示）中进行参数设置，确定后，春天效果如右下图所示。

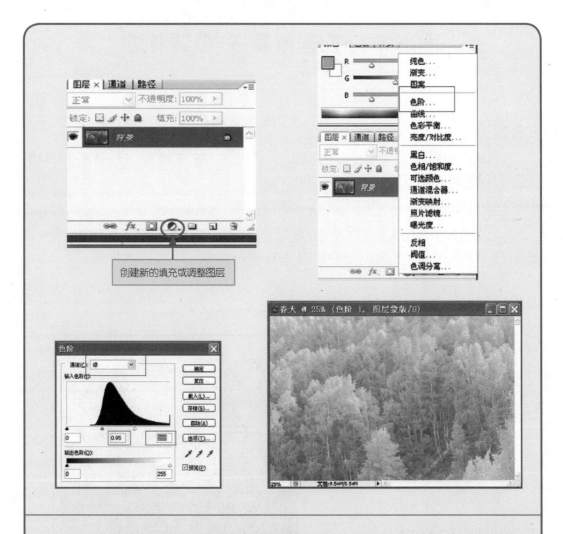

3. 对原素材图添加"曲线调整图层",并在"曲线"对话框中将图的整体调暗,参数如左下图所示,夏天效果如右下图所示。

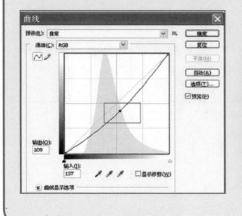

4. 对素材图添加"通道混合器调整图层"，并进行如左下图设置，秋天效果如右下图所示。

5. 对素材图添加"照片滤镜调整图层"，照片滤镜设置如左下图所示，冬天效果如右下图所示。

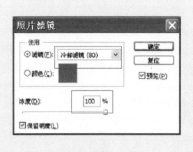

 想一想

到目前为止，我们可以用哪几种方法给单色照片上色？

友情提示

1.色彩调整的常用命令

● 自动颜色：对图像的色彩进行自动调整。

调整前 调整后

● 匹配颜色：用于对色调不同的图片进行调整，统一成一个协调的色调。这种方式做图像合成时很有用，也很方便。

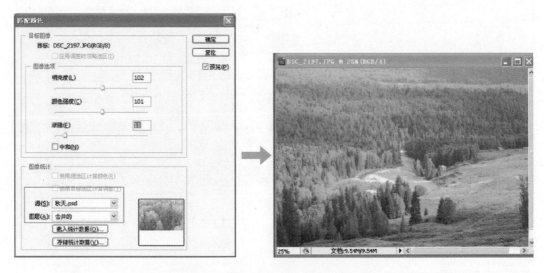

● 色彩平衡：用于调节图像的色彩平衡度。

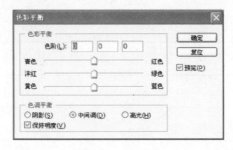

● 可选颜色：将图像中的颜色替换成选择后的颜色。

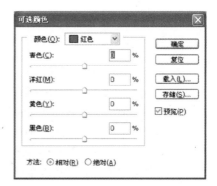

● 通道混合器：用于调整通道中的颜色。图像的色彩模式不同，出现在对话框中的内容也不同。

● 照片滤镜：用于模仿传统相机的滤镜效果处理图像，通过调整滤镜的颜色可以获得各种丰富的效果。

● 曲线：通过调整图像色彩曲线上的任意一个像素点来改变图像的色彩范围。对于线段上的某一个点来说，往上移动是加亮，往下移动是减暗。如果要删除已经产生的控制点，可将其拖动到曲线区域之外，就如同删除参考线一样。"色彩曲线"对话框如右图所示。

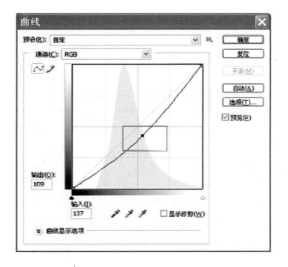

2.色调的基本概念与应用

色调，即图像的总体色彩倾向和总体明暗度，不是指颜色的性质，是对一个作品的整体评价。在色彩之中，把不同色相的色彩分为暖色和冷色，如同人们看到太阳会感觉到温暖，看到田野、森林和水会感到凉爽，人们常把橙、红之类的颜色称为暖色，把青类颜色称为冷色。由冷暖原色合成的紫色和绿色称为温色，而一些既不属于暖色也不属于冷色的黑、白、灰和金、银色称为中性色。

色彩的温度感与色彩的亮度有关。亮色具有凉爽感，暗色具有温暖感。色彩的温度还与色彩的饱和度有关。在暖色范围中，饱和度越高，越具有温暖感；在冷色范围中，饱和度越高，越具有凉爽感。

一个作品虽然用了多种颜色，但总体有一种色调，是偏黄或偏红，是偏暖或偏冷等。如果作品没有一个统一的色调，就会显得杂乱无章，而中性在作品中起到调和的作用。

 自我测试

1.选择题

（1）可以通过（   ）命令调整图像色彩曲线上的任意一个像素点来改变图像的色彩范围。

A.曲线　　　　　B.色阶　　　　　C.自动颜色　　　　　D.变化

（2）（   ）命令用于将图像的最暗和最亮色调映射为一组变色中的最暗和最亮色调。

A.通道混合器　　B.渐变映射　　　C.照片滤镜　　　　　D.暗调/高光

（3）在"色阶"对话框中，按住键盘上的（   ）键，"取消"按钮变成"复位"按钮。

A.Ctrl　　　　　B.Shift　　　　　C.Alt　　　　　　　D.Tab

（4）（   ）命令可以将彩色快速去掉，变为黑白图。

A.去色　　　　　B.替换颜色　　　C.匹配颜色　　　　　D.可选颜色

（5）选择"图像/调整"子菜单下的（   ）菜单命令，可以让用户直观地调整图像或选取范围图像的色彩平衡、对比度和饱和度。

A.反相　　　　　B.色调分离　　　C.变化　　　　　　　D.通道混合器

2.操作题

（1）请将偏色的照片进行颜色校正。

偏色照片   校色照片

提示

先用"色相/饱和度"大幅度降低照片中的红色，再降低洋红色的饱和度，对绿色提高饱和度。

（2）为照片上色。

单色照片   效果图

提示

先将皮肤选出，进行上色，再对衣服的毛边进行上色处理，最后再对五官进行处理。

（3）打开"素材\模块四\衣服换色.jpg"文件，如下左图所示，利用"色相/饱和度"等命令，给衣服换色。

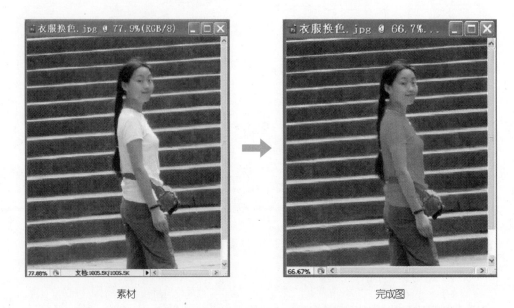

素材　　　　　　　　　　　　　　　　　　　完成图

（4）打开"素材\模块四\特殊效果制作.jpg"文件，用"调整"命令中的"反相"、"色调均化"、"阈值"来制作出如右下图所示的特殊效果。

素材　　　　　　　　　　　　　　　　　　　效果图

模块五

图形的绘制与编辑

模块综述

　　Photoshop的图形绘制功能非常强大，利用路径还可以对复杂的区域进行选取。本模块将通过对祥云的制作、卡通的修形、制作大头贴等具体的实例来学习图形的绘制和编辑方法。

　　学习完本模块后，你将能够：

● 了解路径的含义。

● 熟练掌握"钢笔"工具的使用。

● 了解"自由钢笔"工具的使用。

● 初步掌握"添加锚点"工具、"删除锚点"工具、"转换点"工具、"路径选择"工具、"直接选择"工具在修改路径中的使用方法。

● 掌握"形状"工具的使用。

● 熟练掌握路径面板的使用。

任务一　吉祥云朵——"钢笔"工具的使用

任务概述

在本任务中，我们通过制作中秋月饼广告中的"祥云"来掌握"钢笔"工具的使用方法和技巧，了解对路径的修改方法。

吉祥云朵的绘制

祥云的文化概念在中国具有上千年的时间跨度，是具有代表性的中国文化符号。其自然形态的变幻有超凡的魅力，云天相隔，令人寄思无限。在古人看来，云是吉祥和高升的象征，是圣天的造物。在现代的生活中，祥云的应用很广泛，比如08北京奥运会上就用到了祥云，在标志设计和广告设计中它的使用更为普遍。

右面是一幅中秋月饼的包装广告图，图中元素分为文字、素材图、绘制的图形几个部分。我们将主要学习其中祥云的绘制。

操作步骤

1.打开素材

（1）打开"素材\模块五\祥云上月.psd"文件，如右图所示。

（2）将背景图层外的图层隐藏起来。

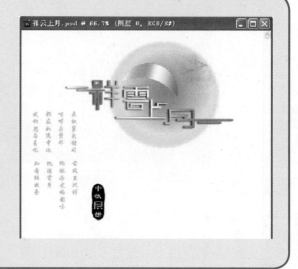

2.制作基础形状

（1）选择"钢笔"工具 ♦，在属性栏中单击"路径"按钮 🕅，如下图所示。

（2）在图像窗口中，在如右图所示位置单击鼠标绘制第一个锚点。

（3）按下Shift键，在工作区最右上角单击鼠标，创建第二个锚点，此时在第一个锚点和第二个锚点间形成一直线段路径。

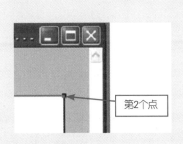

（4）按下Shift键，在工作区右下角单击鼠标，创建第三个锚点，此时在第二个锚点和第三个锚点间形成一直线段路径。

（5）按下Shift键，在工作区如右图所示位置单击鼠标，创建第四个锚点，此时在第三个锚点和第四个锚点间形成一直线段路径。

（6）在工作区如右图所示位置按下鼠标（不松开）并拖动鼠标，创建第五个锚点，此时在第四个锚点和第五个锚点间形成一曲线段路径。

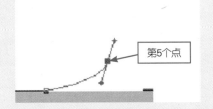

（7）按住Alt键，把"钢笔"工具移到刚才绘制的锚点（第五个锚点）上，"钢笔"工具🖋暂时转换成"转换点"工具⟍后鼠标在该锚点上单击，使得该点变成一个直线锚点（注意：只有一个控制手柄）。

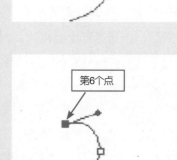

（8）在工作区如右图所示位置按下鼠标（不松开）并拖动鼠标，创建第六个锚点，此时在第五个锚点和第六个锚点间形成一曲线段路径。

（9）按住Alt键，把"钢笔"工具移到刚才绘制的锚点（第六个锚点）上，"钢笔"工具🖋暂时转换成"转换点"工具⟍后鼠标在该锚点上单击，使得该点变成一个直线锚点。

（10）同样的方法绘制剩余的锚点，如右图所示。

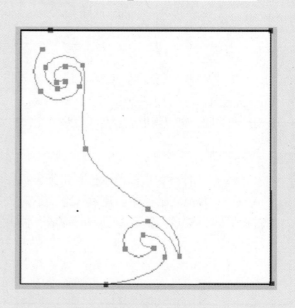

（11）在工作区如右图所示位置按下鼠标（不松开）并拖动鼠标，创建最后一个锚点。

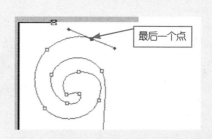

（12）按住Alt键，把"钢笔"工具移到刚才绘制的最后一个锚点上，"钢笔"工具 暂时转换成"转换点"工具 后鼠标在该锚点上单击，使得该点变成一个直线锚点。

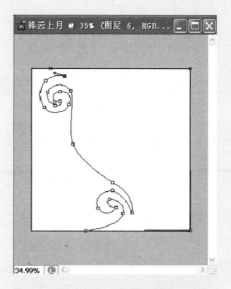

（13）将鼠标指针指向起始锚点（第一个锚点），此时鼠标指针变为 ，这时单击鼠标，完成一个闭合的形状。

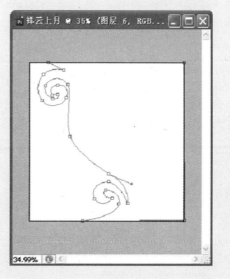

（14）在路径控制面板中双击"路径1"字样，将名字改为"形状"；单击"形状"路径，使路径为当前路径（显示为蓝色，如右图），在路径控制面板中单击"将路径作为选区载入"按钮。

（15）新建一个图层，取名"形状"；对选区进行线性渐变填充，效果如右图所示。

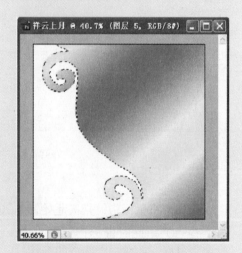

（16）对"形状"层进行 "描边，内阴影，内发光"等图层效果处理，使之产生一定的立体效果。

（17）将背景层填充为红色，效果如右图所示。

3.制作祥云效果

（1）在路径面板上单击"创建新路径"按钮，创建一路径"祥云一"，并绘制形状，如右图所示。

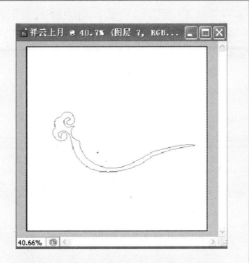

（2）继续绘制形状，如右图所示。

（3）最后绘制形状如右图所示，完成"祥云一"路径的制作。

（4）按Ctrl+T键，将"祥云一"路径大小调整合适，按回车键确认。

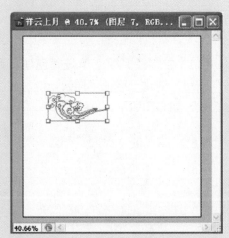

（5）用"路径选择"工具 ➤ 将路径移动到如右图所示位置，将路径转为选区后进行渐变填充，效果如右图。

（6）重复步骤4和步骤5，做出如右图所示效果。

（7）绘制"祥云二"形状，如右图所示。

（8）将"祥云二"进行变换调整后填充，效果如右图所示。

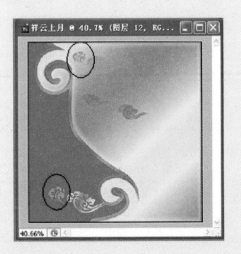

（9）绘制"祥云三"形状，如右图所示。

（10）将"祥云三"进行变化调整后填充，效果如右图所示。

（11）显示出所有图层，并将图层顺序进行调整，最后效果如右图所示。

做一做

请同学们上网，搜寻出其他的祥云图样。写出图样的具体出处，将你喜欢的祥云图样画在下面的横线上。然后在Photoshop中用"钢笔"工具勾画出该种祥云图案。

_____

_____

_____

_____

 友情提示

路径是一个由一系列锚点、直线或曲线段组成的矢量化图形。它可以是开放的，也可以是闭合的，常见的路径如右图所示。

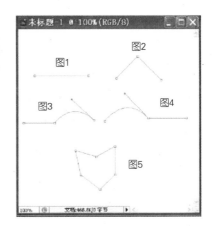

1.路径工具介绍

（1）"钢笔类"工具

"钢笔"工具：用于绘制由多点连接的直线或曲线。

"自由钢笔"工具：用于随手绘制任意形式的曲线。

"添加锚点"工具：在当前路径上增加锚点，从而对该锚点所在的线段进行调整。

"删除锚点"工具：在当前路径上删除锚点，从而将该锚点两侧的线段拉直。

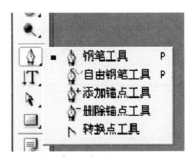

"转换点"工具：用于将曲线锚点转换为直线锚点或者进行相反的转换。

（2）"选择类"工具

"路径选择"工具：用于将整条路径一起移动。

"直接选择"工具：用于选择路径或者锚点，调

79

整锚点位置，来移动部分路径。

2.钢笔工具的使用技巧

●如果创建的路径有问题，按"Delete"键或"Backspace"键一次，就可以删除最后一次创建的路径，按两次可以删除全部工作路径，按三次则清除工作区中的所有路径。

●按住Shift键，创建锚点时，强迫系统以45°或45°的倍数绘制路径。

●按住Alt键，当"钢笔"工具移到锚点上时，"钢笔"工具 暂时转换成"转换点"工具 。

●按住Ctrl键，"钢笔"工具 暂时转换成"直接选择"工具 。

 知识窗

民族图案在广告图中的作用

中国民族图案经历几千年传承，其种类繁多，内容丰富，图案题材涉猎广泛，是中国人民热爱生活的表现。它通常应用人物、花卉、飞禽、走兽、器物和字体等形象，以吉祥语、民间谚语、神话故事为题材，用借喻、比拟、双关、象征等表现手法，表达人们美好的愿望。

在广告图中，应用民族图案具有很强的象征意义，容易唤起人们内心的情感反应，可以使广告更具有文化性与社会性，易于被公众接受

任务二　卡通修形——路径面板的使用

任务概述

通过任务一我们已经知道了路径是一个矢量图形，如何将这个图形变成我们熟悉的图像呢，本任务我们将用大家喜欢的一个卡通图，学习利用"路径"面板给路径上色。

卡通修形

修形是对原画师所画的动作、角色的比例和外形细节进行修正统一。因为原画多是草图，重动作表现而不重画面精细，所以必须依照造型蓝本，将线条清晰地整理出来，其依据是标准角色造型图。

原图　　　　　　　　　　修形后效果图

操作步骤

1.打开"素材\模块五\原画.psd"文件。

2.将原画所在图层透明度调低，便于画线稿。

3.选择"钢笔"工具进行路径勾画，如右图所示。

4.新建一个图层，将"前景色"设置为黑色，单击"路径"面板上的"用前景色填充路径"按钮，对路径进行填充。

"用前景色填充路径"按钮

提示

在这幅漫画中，把绘画的线条修改成有粗细变化的线条，使人物形象更有绘画感。

5.用相同的方法完成线稿的描绘，最后效果如右图所示。

6.上色后的效果如右图所示。

做一做

打开"素材\模块五\蝴蝶.psd"文件，用路径面板中的"前景色填充"按钮和"描边"按钮制作出蝴蝶的翅膀，将操作步骤写在下面的横线上。

_____

_____

_____

_____

友情提示

路径面板

路径面板菜单，如下图所示。

路径面板菜单

路径右击快捷菜单

路径面板的使用技巧

●	以前景色填充路径
○	用画笔描边路径
○	将路径作为选区载入
∿	从选区生成工作路径
◲	创建新路径
▥	删除当前路径

（1）对路径进行描边操作时，与所选取的描边工具和工具的设置有很大的关系，一定要先设置工具再进行描边。

（2）对路径进行简单的填充时，可直接点击调板上的"以前景色填充路径"按钮；要进行更多样复杂的填充，则应该使用路径菜单中的"填充路径..."命令。

（3）按住Alt键后在路径控制板上的垃圾桶图标上单击鼠标可以直接删除路径。

（4）单击路径面板上的空白区域可关闭所有路径的显示。

（5）单击路径面板下方的几个按钮(用前景色填充路径、用前景色描边路径、将路径作为选区载入)时，按住Alt键可以看见一系列可用的工具或选项。

（6）勾勒路径时，我们最常用的操作还是像素的单线条的勾勒，但常会出现问题，即有矩齿存在，很影响实用价值，此时不妨先将其路径转换为选区，然后对选区进行描边处理，同样可以得到原路径的线条，却可以消除矩齿。

知识窗

动画制作的基本过程

1. 前期策划阶段：筹划新片、剧本创作、美术设计、造型设计、场景设计、画面分镜。
2. 中期创作阶段：做设计稿、动作设计（原画）、背景绘制。
3. 后期制作阶段：描线上色、校对描线上色、拍摄成品、剪辑、录配音。

任务三　趣味大头贴——"形状"工具的使用

任务概述

大头贴是一种变化多端，趣味十足的相片拍摄方式，得到了大家的喜欢。在这次任务中，我们将一张普通的生活数码相片制作成大头贴效果，在这个过程中学习"形状"工具、样式面板的使用。

精美大头贴制作

创作主题：活泼，有个性。

广告语：我的相片我做主。

 操作步骤

1.建立文件

（1）新建一个文件，取名为"大头贴"（RGB模式，W：300像素，H：300像素）。

（2）打开"素材\模块五\照片.jpg"文件，框选出头像部分，并按Ctrl+C键进行复制操作。

（3）按Ctrl+V键，将头像粘贴到大头贴文件中。

2.制作模板

（1）新建一个图层。

（2）在工具箱中右击"矩形"工具按钮，选择"自定义形状"工具 ，在工具属性栏左边选择路径选项，在形状选项中选择如下图所示的"水渍形1"的形状。

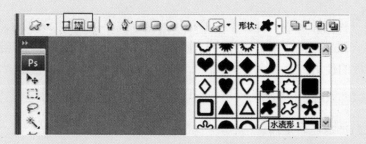

（3）在"图层1"上单击并拖出一个水渍形形状，如右图所示。

（4）形成一条工作路径，如右图所示。

（5）单击路径面板上的"将路径作为选区载入"按钮，如右图所示。

将路径作为选区载入

（6）按Ctrl+Shift+I键，选中形状以外的区域，并填充成黄色，如右图所示。

（7）单击样式面板中的"内斜投影"，如下图所示，出现立体效果，如右图所示。

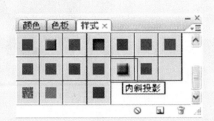

（8）新建一个图层，设置前景色为粉色；选中"画笔"工具，并对画笔进行设置，如右图所示。

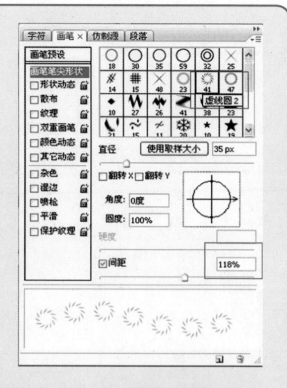

（9）在路径面板中，右击"工作路径"，选择"描边路径…"命令，如右图所示。

（10）在弹出的对话框中选择"画笔"。

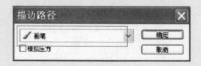

（11）新建一个图层，选中"波浪"形状，在如右图所示位置拖出两个波浪，并对路径进行填充。

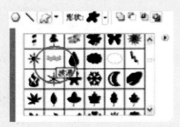

（12）对图层应用样式，效果如右图所示（样式可以自由选择）。

（13）重复步骤11和步骤12，选择另外的图形并运用样式，制作出如右图所示效果。

（14）拼合模板中的图层，完成模板的制作。

3.调整相片的效果

（1）执行"滤镜/扭曲/球面化"命令，打开"球面化"对话框，设置参数如右图所示，单击"确定"按钮，制作一个凸面的相片效果。

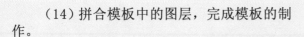

（2）因为摄像头拍摄的大头贴普遍会产生偏色，通常面部呈粉色，我们将相片调成粉色效果，如右图所示。

 做一做

请大家应用上面的方法，做出如右下图所示效果，将操作步骤写下来。

_____

_____

_____

_____

_____

 友情提示

1. "自定形状" 工具

"自定形状" 工具和样式面板：Photoshop CS3 预置了很多类形状，供画图时使用。

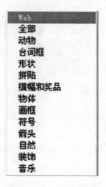

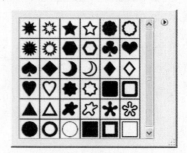

形状类

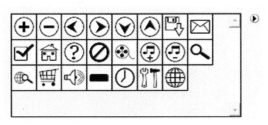

Web类

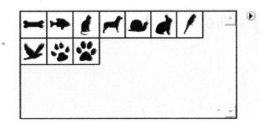

动物类

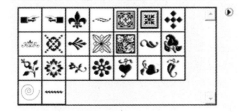

装饰类

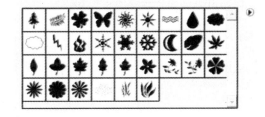

自然类

2.样式面板的使用

Photoshop CS3中包含一些可以载入面板的样式，例如文本效果、玻璃按钮和图像效果。要应用一种样式，只需在图层面板中创建并选择一个图层，然后在样式面板中单击一种样式即可。

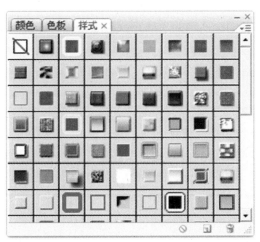

 知识窗

大头贴制作要点

1.大头贴制作主要应体现个性的一面，所以在选择模板中的图形时要变化多一点，夸张一点。

2.相片要进行处理，将原相片中多余的部分删除，使得相片有突出的效果。

 自我测试

1. 单选题

（1）（　　）用于选择一个或几个路径并对其进行移动、组合、对齐、分布和变形。

　　A. "移动" 工具　　　　　　　　　　B. "路径选择" 工具

　　C. "直接选择" 工具　　　　　　　　D. "钢笔" 工具

（2）按住键盘上的（　　）键，单击路径控制面板下方的 "用前景色填充路径" 按钮，可以弹出 "填充路径" 对话框。

　　A. Ctrl　　　　　　B. Shift　　　　　　C. Alt　　　　　　D. Tab

（3）按（　　）键或Backspace键一次，就可以删除最后一次创建的路径，按两次可以删除全部工作路径，按三次则清除工作区中的所有路径。

　　A. Ctrl　　　　　　B. Shift　　　　　　C. Alt　　　　　　D. Delete

（4）按住（　　）键，创建锚点时，强迫系统以45°或45°的倍数绘制路径。

　　A. Ctrl　　　　　　B. Shift　　　　　　C. Alt　　　　　　D. Delete

（5）按住（　　）键，当 "钢笔" 工具移到锚点上时，暂时将 "钢笔" 工具 转换成 "转换点" 工具 。

　　A. Ctrl　　　　　　B. Shift　　　　　　C. Alt　　　　　　D. Delete

（6）按住（　　）键，暂时将 "钢笔" 工具 转换成 "直接选择" 工具 。

　　A. Ctrl　　　　　　B. Shift　　　　　　C. Alt　　　　　　D. Delete

（7）直接单击路径面板底部的 "填充或描边路径" 按钮，都是使用（　　）对路径进行填充或描边操作的。

　　A. 背景色　　　　　B. 前景色　　　　　C. 图案　　　　　　D. 画笔工具

（8）通过（　　）方法不能创建路径。

　　A. 使用 "钢笔" 工具　　　　　　　　B. 使用 "自由钢笔" 工具

　　C. 使用 "添加锚点" 工具　　　　　　D. 先建立选区，再将其转化为路径

（9）通过（　　）的方法，可以将一个图像中的路径移动到另一个图像中使用。

　　A. 查看路径　　　　B. 复制路径　　　　C. 重命名路径　　　　D. 剪贴路径

2. 操作题

（1）制作出下图所示的文化衫。

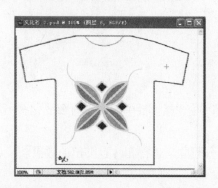 

提示

左图先用"钢笔"工具描出路径，再描边路径。

右图先在自定义图案中选出基本图形，再进行选区填充，最后用"钢笔"工具做出四角的路径，进行描边。

（2）根据所学的知识，自己设计一件有特色的文化衫。

（3）绘制一个如下图所示的路径，写出详细步骤。思考一下，在什么时候应该添加锚点？

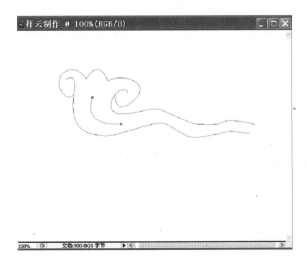

模块六

文字的处理

模块综述

在Photoshop CS3中，可以对文本进行各种格式的设置，也可以将文字转换为形状、图层和路径等，以制作各种特效。本模块通过"售房报版广告"、"特效字"，两个实例，让同学们在设计制作中轻松掌握文字创建和文字效果的运用。

学习完本模块后，你将能够：

● 掌握图片中文字的创建方法。
● 掌握文字转换的方法。
● 掌握特效文字的制作方法。

任务概述

　　生活中我们随处可见报版广告，本任务通过对"售房报版广告"的设计与制作来探讨在Photoshop CS3中如何利用"文字"工具来创建段落文本，利用"字符"调板来编辑文本；了解报版广告的一般要求。

"售房报版广告"的设计与制作

作品分析：大幅的主体图片颜色鲜艳，内部配上主题文字和有关商家介绍，周围分布户型介绍、装修效果介绍以及线路图；主题鲜明，画面紧凑有序。

创作主题："御树临风"海景别墅庄园1/2报版广告。

操作步骤

1．"户型图介绍文字"的创建及编辑

　　（1）在Photoshop CS3环境下，打开"素材\模块六\房屋报版广告背景．jpg"文件，画布窗口效果如右图所示。

　　（2）选择"横排文字"工具 **T**，输入文字"御树临风"，重命名为"图层1"。选择"窗口/字符"命令，显示"字符"调板，并在"字符"调板中设置参

数；移动"御树临风"至适当位置。参数设置与局部效果如下图所示。

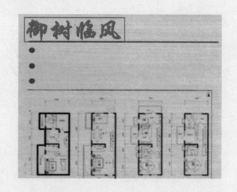

（3）选择"直排文字"工具 $\mathbf{IT}$ ，输入文字"别墅"，重命名为"图层2"，并在"字符"调板中设置参数；移动"别墅"至适当位置。参数设置与局部效果如右图所示。

（4）选择"横排文字"工具，输入文字"TypeV03/C"，重命名为"图层3"；将光标定位在字母"V"之前，单击"回车"键；在"字符"调板中设置参数，移动"TypeV03/C"至适当位置。参数设置与局部效果如下图所示。

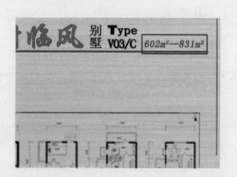

（5）选择"横排文字"工具，输入文字"$602m^2 \sim 831m^2$"，重命名为"图层4"；在"字符"调板中设置参数；移动"$602m^2 \sim 831m^2$"至适当位置。参数设置与局部效果如下图所示。

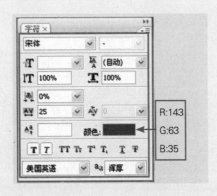 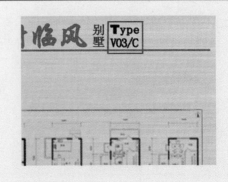

（6）选择"横排文字"工具，输入文字"动静结合，干湿分明，功能分区合理得当；楼层独立，居家会客，尽享奢华私人空间；大型入户花园与回廊，人文自然完美结合"。

将光标定位在"合理得当"后，单击"回车"键；再将光标定位与"私人空间"后，单击"回车"键，使之成为三行文字。

重命名图层名称为"图层5"。在"字符"调板中设置参数，移动该段文字至适当位置。参数设置与局部效果如下图所示。

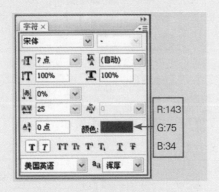 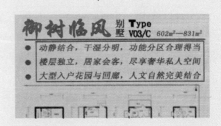

（7）按住Shift键，单击"图层1"，再单击"图层5"，按Ctrl+G键创建组，并重命名组的名称为"左下侧户型"。

提示：以上步骤实现了左侧户型的文字介绍，在步骤（6）的文字为多行，在处理这种情况时，我们也可以采用将三行文字分别进行输入的方法进行文字创建，还可以先画出段落文本定界框，这主要取决于操作者的操作习惯。

（8）重复（2）～（7）。

将步骤（4）中的"TypeV03/C"更改为"TypeB08/E"；步骤（5）中的"602m^2～831m^2"更改为"482m^2～791m^2"。

将步骤（6）中的文字更改为"动静结合，干湿分明，功能分区合理得当二楼增高……"，效果如左下图。

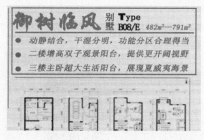
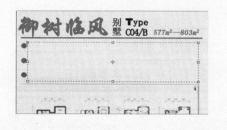

将步骤（7）中的"左下侧户型"更改为"中下侧户型"，其余参数不变，图层名称按顺序依次命名。

（9）重复（2）～（5）。

将步骤（4）中的"TypeV03/C"更改为"Type C04/B"；步骤（5）中的"602m²～831m²"更改为"577m²～803m²"；效果如右上图所示。

用"横排文字"工具绘制出适当大小的"段落文本定界框"，输入文字"动静结合，干湿分明、功能分区合理得当楼层独立……"，文字格式与步骤（6）同，效果如右图。

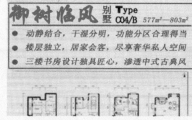

将步骤（7）中的"左下侧户型"更改为"右下侧户型"，其余参数不变。图层名称按顺序依次命名。

至此，画布窗口下方的三个户型图的文字介绍全部完成，效果图如下图所示。

2．"装修效果介绍文字"的创建及编辑

（1）新建一个图层，命名为"图层16"；选择"椭圆"工具🔵，在选项栏中选择"填充像素"按钮，按住Shift键在适当位置绘制一个大小适当的正圆，效果如右图所示。

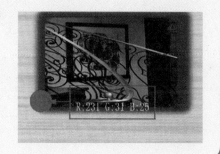

（2）执行"编辑/描边"命令，在"描边"对话框中设置参数。参数设置与局部效果如下图所示。

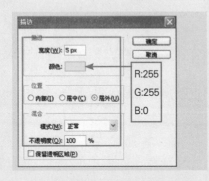 

（3）新建一个图层，命名为"图层17"；选择"圆角矩形"工具 ⬜，在选项栏中选择"填充像素"按钮，绘制一个大小适当的圆角矩形，将"图层17"移动至"图层16"下方。局部效果如右图所示。

（4）选择"直排文字"工具，输入文字"中式"，重命名为"图层18"；在"字符"调板中设置参数，移动"中式"至适当位置。参数设置与局部效果如下图所示。

（5）选择"横排文字"工具，输入文字"古典"，重命名为"图层19"；在"字符"调板中设置参数，移动"古典"至适当位置。参数设置与局部效果如下图。

（6）按住Shift键，单击"图层16"，再单击"图层19"，按Ctrl+E键合并图层，并重命名图层名称为"图层16"。

（7）选择"横排文字"工具，输入文字"中式祥云弧形扶梯"，重命名为"图层17"；在"字符"调板中设置参数，移动"中式祥云弧形扶梯"至适当位置。参数设置与局部效果如下图所示。

（8）选择"横排文字"工具，输入文字"中式古典/中式祥云弧形扶梯/根据中国古代吉祥云的……"；重命名为"图层18"。在"字符"调板中设置参数，移动该段文字至适当位置。参数设置与局部效果如下图所示。

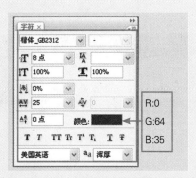

（9）在图层调板中选择"图层16"，按Ctrl+J键创建"图层16副本"，按住Shift键竖直拖动"图层16副本"对应图像到适当位置。局部效果如右图所示。

（10）选择"横排文字"工具，输入文字"古典式卧室梳妆台"，重命名为"图层19"，字符调板中的参数设置与步骤（16）同；移动"图层19"对象到适当位置。局部效果如右图所示。

（11）选择"横排文字"工具，输入文字"中式古典/古典式卧室梳妆台/创意设计使用了中国古代宫廷寝室……"；新图层重命名为"图层20"，字符调板中的参数与步骤（17）同；移动"图层20"对象到适当位置。局部效果如右图所示。

（12）在图层调板中选择"图层16"，按Ctrl+J键创建"图层16副本2"，按住Shift键竖直拖动"图层16副本2"对应图像到适当位置。局部效果如右图所示。

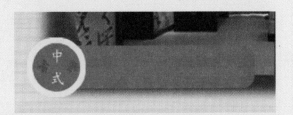

（13）选择"横排文字"工具，输入文字"仿明清时代古书房"，重命名为"图层21"，字符调板中的参数设置与步骤（16）同；移动"图层21"对象到适当位置。局部效果如右图所示。

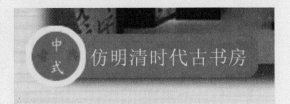

（14）选择"横排文字"工具，输入文字"中式古典/仿明清时代古书房/参考古时的书斋……"新图层重命名为"图层22"，字符调板中的参数设置与步骤（17）同；移动"图层21"对象到适当位置。局部效果如右图所示。

仿明清时代古书房

中式古典/仿明清时代古书房/参考古时的书斋布局进行设计和配色，两扇巨型滑门上书写名家书法，使整个房间渗透出浓郁的书香气息。

至此，整幅图像已制作完成。整体效果及图层调板状态如下图所示。

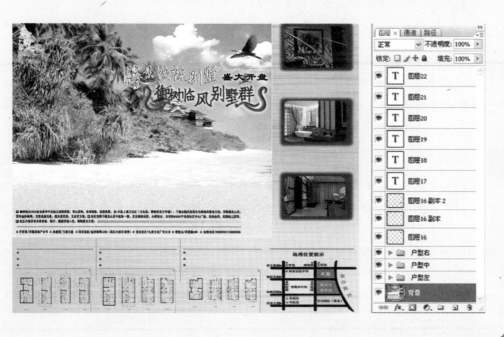

想一想

请大家回顾一下文本的创建应使用哪个工具？文本的格式设置除了使用"字符"调板外，还可以在哪里进行参数的设置？将答案填写在下面的横线上。

_____

_____

_____

 友情提示

在图片中创建与设置文本

1.文本创建

文字输入可以采用工具箱中的"文字工具"组。该组中包含有4个工具，如右图所示。

T 横排文字工具	T
IT 直排文字工具	T
T 横排文字蒙版工具	T
IT 直排文字蒙版工具	T

值得注意的是：创建多行文本，方法不止一种。比如在制作户型介绍文字时是利用"回车"键将一行变为多行；也可以将每行分别输入，再调整位置；还可以设置"段落文本定界框"，框里的文字就会根据定界框的位置进行自动换行。用哪种方法，要视操作者的操作习惯而定。该例中的右侧户型文字介绍使用的是第三种方法，装修效果文字介绍使用的第一种方法。

2.文本种类

文本分为两大类：点文本和段落文本。

（1）两种文本的区别

两种文本的区别是：点文本无法自动换行，段落文本则可以。虽然在画面效果上体现不出区别，但实际操作中的区别是巨大的。

①点文本在创建时，直接进行输入即可；段落文本必须先设置"段落文本定界框"。

②点文本在创建多行文字时，不能自动换行，必须借助"回车"键才能实现换行操作；而段落文本在创建多行文字时，只要设置好了"段落文本定界框"就可实现自动换行。

（2）点文本与段落文本之间的相互转换

方法1：执行"图层/文字/转换为段落文本"或"图层/文字/转换为点文本"命令。

方法2：选择图层，右击鼠标，选择"转换为段落文本"或"转换为点文本"命令。

3."字符"调板的应用

在编辑文字格式时，我们往往要使用"字符"调板。在"字符"调板上集中了较为全面的文字格式编辑选项，如右图所示。

需要提出的是"设置基线偏移"选项与Word软件中的"格式/字体/字符间距/位置"命令相似，数值设置均有3种情况：

①为0，所选字符与基线水平对齐；

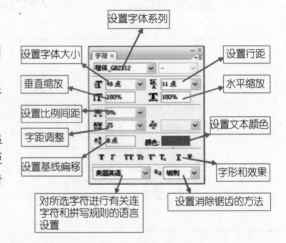

②为正数，所选字符在基线上方，效果为位置提升；

③为负数，所选字符在基线下方，效果为位置下沉。

效果图中的主标题文字"御树临风别墅群"之所以位置错落，就是对每个字都执行了"基线偏移"命令。局部效果如下图。

4."文字变形"命令

在广告中常看到文字有规则地进行扭曲并排列出一定的形状，这是因为执行了"文字变形"命令。打开"文字变形"对话框有两种方法：

方法1：选中文字，右击鼠标，在快捷菜单中选择"文字变形"命令。

方法2：通过菜单"图层/文字/文字变形"命令。

本实例中的主标题文字"独栋别墅"就使用了"文字变形"中的"旗帜"选项，如下图所示。

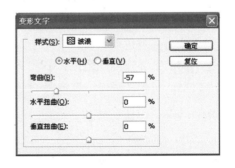

5.沿路径排文

所谓沿路径排文是指文字沿着事先画好的路径排列形状。例如交通图中的"金沙海湾"字样就是使用的这种方法。

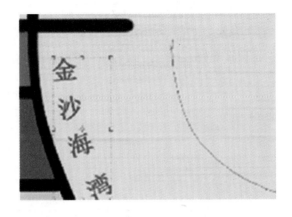

📠 知识窗

报版广告是生活中最常见的广告形式之一，它根据报纸版面的不同，又可以分为整版、1/2版、1/4版等。本例制作的是一张1/2版广告画面。尺寸比例可通过"图像"/"画布大小"命令进行查看。

任务二　茶艺宣传画——文字的转换

🐘 任务概述

通过对"茶艺宣传画"的设计与制作掌握特效文本的制作方法，了解文字转换的种类，掌握文字转换的方法，了解为什么要进行文字转换。

"茶艺宣传画" 的设计与制作

作品分析：这幅茶艺广告，采用了最具代表性的绿色作为基本色调。背景使用中国传统的山水画，左下侧的茶杯作点题之用；右侧文字表现茶之品位、意境；左侧文字再一次强调了主题。

创作主题：中华传统茶艺收藏册宣传画。

🐭 操作步骤

1. 在Photoshop CS3环境下，打开"素材\模块六\茶艺宣传画背景.jpg"文件，画布窗口效果如右图所示。

2. 选择"直排文字"工具，输入"海纳百川，志存高远"字样，更改图层名称为"图层1"；在"字符"调板中设置参数，移动对象到适当位置。参数设置与局部效果如下图所示。

3. 执行"图层/栅格化/文字"命令，将文字转换为图层；然后选择"涂抹"工具，在选项栏上设置参数，对"图层1"进行涂抹。参数设置与涂抹后的局部效果如右图所示。

4. 选择"直排文字"工具，输入文字"嫩芽香且灵，吾谓草中英……"更改图层名称为"图层2"；在"字符"调板中设置参数，移动对象到适当位置。参数设置与局部效果如下图所示。

5. 按Ctrl+J键创建"图层2副本",选择"图层2",执行" 图层/栅格化/文字"命令,将文字转换为图层。

6. 执行"滤镜/模糊/高斯模糊"命令,设置模糊参数,将模糊后的文字位置进行转移。参数设置与局部效果如下图所示。

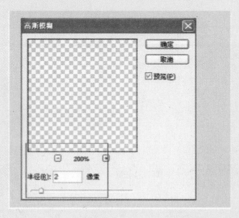

7. 打开"素材\模块六\印章. jpg"文件,选择"矩形选框"工具,在选项栏中设置"羽化值"为5像素,按住Shift键,拖动鼠标创建一个正方形选区。选项栏参数与选区效果如右图所示。

8. 选择"移动"工具 ，将选中区域图像移动复制到"茶艺宣传画背景"画布窗口中,并命名新图层的名称为"图层3"。

9. 执行"编辑/自由变换"命令（快捷键Ctrl+T），按住Shift键，用鼠标拖动图像右上角控制点，对印章图像进行等比缩放，再将图像移动到画布窗口右下角。局部效果如右图所示。

10. 选择"直排文字"工具，在画布窗口左侧输入"幽幽"，更改图层名称为"图层4"；在"字符"调板中设置参数，移动对象到适当位置。参数设置与局部效果如下图所示。

11. 选择"直排文字"工具；在"幽幽"下方输入"清茶"，更改图层名称为"图层5"；在"字符"调板中设置参数，移动对象到适当位置。参数设置与局部效果如下图所示。

12. 执行"图层\栅格化\文字"命令，将文字转换为图层；选择"涂抹"工具，在选项栏上设置参数，对"图层1"进行涂抹。参数设置与涂抹后的局部效果如右图所示。

13. 双击"图层5"的图层缩览图，在弹出的"图层样式"对话框中设置参数，为"清茶"添加图层样式。参数设置与局部效果如下图所示。

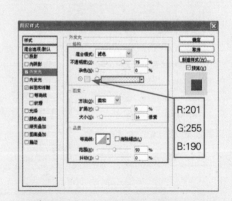

R:201
G:255
B:190

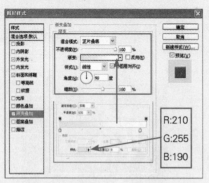

R:210
G:255
B:190

至此，整幅图像就已制作完成。整体效果及图层调板状态如下图所示。

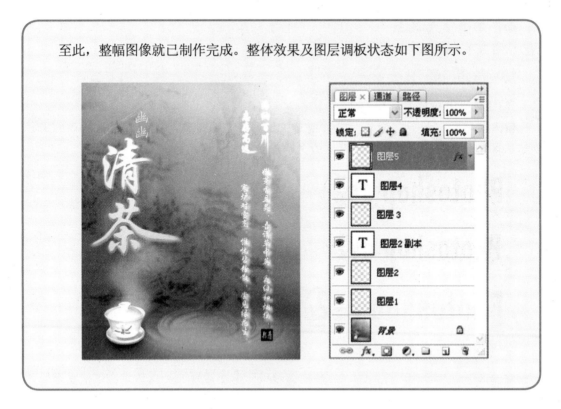

想一想

请大家回顾一下，在本实例中，我们用到了哪些新的知识？将答案填写在下面的横线上。

_____

_____

_____

_____

友情提示

文字转换为图层后可以处理很多特效，例如，图像中的"清茶"、"海纳百川、志存高远"等就是这样处理的。

1.文字转换的种类

①将文字转换为普通图层（栅格化文字）；

②将文字转换为路径;

③将文字转换为形状图层。

2.文字转换的方法

（1）将文字转换为路径

输入文字后，执行"图层/文字/创建工作路径"命令即可。可以通过修改的路径创建选区，然后编辑选区来创建特殊的文字形状，如下图所示。

Photoshop cs2

Photoshop cs2

Photoshop cs2

（2）将文字转换为形状

输入文字后，执行"图层/文字/转换为形状"命令即可。可以通过修改锚点来创建特殊的文字形状，如下图所示。

Photoshop cs2   Photoshop cs2

注意：在修改锚点的同时，颜色区域也随着锚点改变产生的区域进行自动填色。

（3）将文字转换为普通图层

在前面例子中已多次操作，这里不再具体讲述。

（4）其他方法

在茶艺例子中进行文字转换操作都是在"图层"菜单中进行。其实，文字转换的方法不止这一种，还有一种方法，操作步骤是：

①在"图层"调板中选择需要进行文字转换的图层；

②在图层缩览图区域的位置右击鼠标；

③在弹出的快捷菜单中进行命令选择即可。

具体菜单如右图所示。

知识窗

产品广告主要要突出产品的用途、质量等属性，讲究画面精致，色调统一。这一幅茶艺广告使用了与茶最接近的绿色，文字使用了白色以突出主题。突出主题也是我们在制作广告中应该注意的问题。

自我测试

1. 填空题

（1）Photoshop CS3 提供了＿＿＿＿＿＿＿种文字工具。分别是＿＿＿＿＿＿、＿＿＿＿＿＿、＿＿＿＿＿和＿＿＿＿。

（2）Photoshop CS3 中，点文本与段落文本之间相互转换的方法有＿＿＿＿＿＿和＿＿＿＿＿＿＿。

（3）文字转换的种类有＿＿＿＿＿、＿＿＿＿＿和＿＿＿＿＿。

（4）在画布窗口中输入了一段文字，要求对该段文字进行滤镜特效的处理，那么，首先应将文字进行＿＿＿＿＿。

2. 判断题

（1）栅格化文字就是将选中图层转换为普通图层。 （ ）

（2）将文字设置了"仿粗体"后，不能再进行"文字变形"操作。 （ ）

（3）"字符"调板中没有"文字变形"选项。 （ ）

3. 操作题

打开"素材\模块六\操作练习\创建美丽家园.jpg"文件，如下左图所示。在该背景上创建文字，完成如下右侧所示的效果图。

素材　　　　　　　　　　　　　　　　　　　　效果图

图层与应用

模块综述

　　图层是图像处理中的一个重要概念和工具，不同的对象存放在不同的图层中，对分层文件的修改和调整带来了极大的方便。在本模块中，我们运用"牙膏广告的设计与制作"、"文化衫制作"、"2008北京奥运招贴的制作"三个任务，让同学们在设计制作中轻松掌握图层的概念和图层效果的运用。

　　学习完本模块后，你将能够：

● 了解图层的概念和不同种类图层的作用，掌握图层的一般操作。
● 掌握图层效果的使用方法及实例制作。
● 掌握图层蒙版的作用、使用方法以及实例制作。
● 掌握图层混合模式的作用、使用方法以及实例制作。

任务一 洁牙用品广告制作——图层应用

任务概述

本任务中通过对"牙膏广告"的设计与制作，了解图层的概念和不同种类图层的作用，掌握图层的一般操作，了解招贴广告的意义和彩色铜板印刷的一般要求。

牙膏广告招贴的设计与制作

创作主题：健康，洁净，突出产品的品质。

广告语：清新洁净，舒适和谐，带给你不一样的感觉。

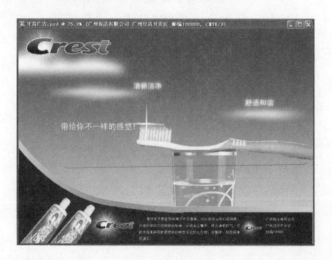

操作步骤

1.制作画面的背景

（1）新建文件，色彩模式为CMYK模式，分辨率为300像素/in，具体长宽尺寸设置如右图所示。

（2）选择"渐变"工具，设置渐变颜色如下左图所示；然后按下Shift键在新建文件中从上往下垂直拉出一条渐变线，完成后得到如下右图所示的背景颜色。

2. 将素材图片添加到画面中，并调整颜色

（1）打开"素材\模块七\牙刷.jpg"和"素材\模块七\水杯.jpg"文件，如下图所示。素材图片的选择可以到图库中寻找，条件允许最好自己拍摄。

（2）选择"钢笔"工具，结合Alt键和Ctrl键将画面中的牙刷勾勒出来，如下左图所示。制作好路径后，按Ctrl+Enter键将路径转换成选区，如下右图所示。

（3）将选区中的牙刷复制到新建文件中，并用相同的方法复制水杯到新建文件中，如右图所示。

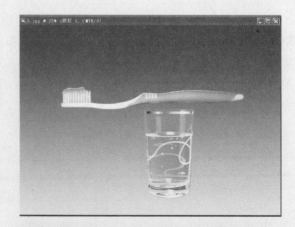

（4）对复制到文件中的图像进行大小、位置的调整，如右图所示。

3.制作辅助图形

（1）用"钢笔"工具 在画面的下方勾画如右图的路径。

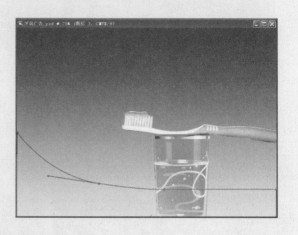

（2）在图层面板中新建图层，并命名为"色块"。按Ctrl+Enter键将路径转换为选区，将前景色设置为C=100,M=80,Y=20,K=20的深蓝色，按Alt+Delete键填充前景色于选区中，如右图所示。

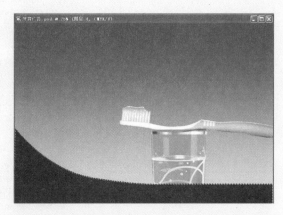

（3）选择"选区"工具 ，将鼠标移动到选区内，按向上的光标键，向上移动选区到合适的位置；在图层面板中新建图层，命名为"色条"，将它置于"色块"图层下面；选择"渐变"工具 ，渐变设置如下左图所示。水平拖动渐变线，形成线性渐变，效果如下右图所示。

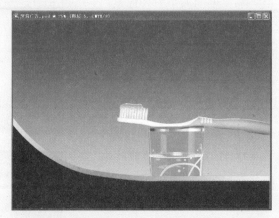

4.丰富背景画面，制作背景云彩和亮星

（1）新建"云彩"图层，用"钢笔"工具 勾画出云彩的外形，如右图所示。

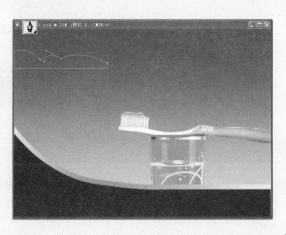

（2）按Ctrl+Enter键将路径转换为选区，并在选区中填充上白色，按Ctrl＋D键取消选区，如右图所示。

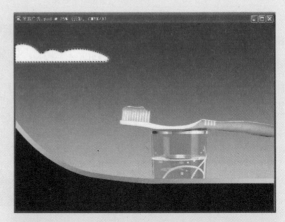

（3）云的图案边缘要模糊羽化，才更真实。执行"滤镜/模糊/高斯模糊"命令，弹出菜单，模糊大小为40像素。设置参数如右图所示。

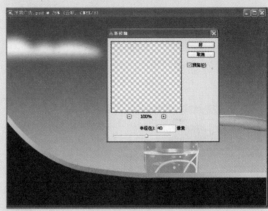

（4）照以上方法制作其他云彩，如右图所示。

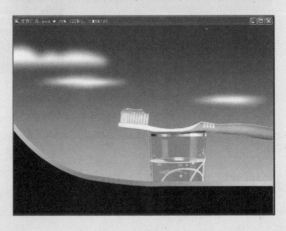

（5）打开素材中的"亮星.psd"文件，将图像文件中的"亮星"复制到图中，并调整好大小和位置，如下右图所示。

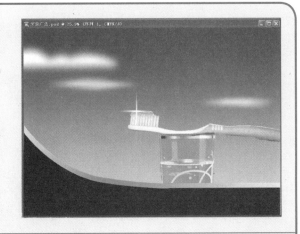

5.制作广告语和标志

（1）用"文字"工具 T 键在画面中输入广告语："清新洁净，舒适和谐，带给你不一样的感觉"，按Ctrl+T调整文字的大小和位置，如下右图。

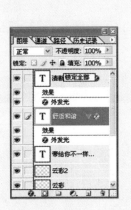
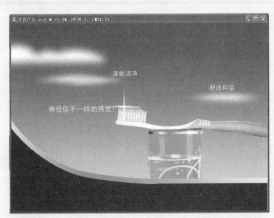

（2）双击文字图层，选择"外发光"选项，参数设置如下左图所示，完成后得到如下右图所示效果。

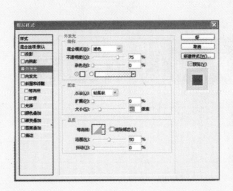
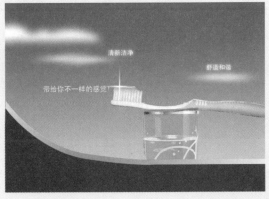

（3）打开素材"素材\模块七\标志.psd"图像文件，将图像中的产品标志和爆炸光晕复制到画面中，并调整位置、大小，如下右图所示。

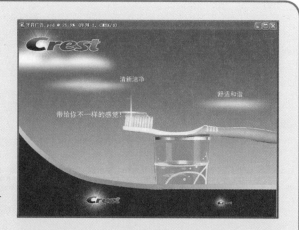

（4）打开"素材\模块七\牙膏.jpg"文件，使用"钢笔"工具将"牙膏"图像勾勒出来，并把封闭的路径转换成选区，复制图像放到画面的合适位置，并调整大小和方向，如右图所示。

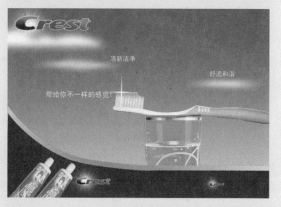

6.调整

输入产品说明文字，并调整各个层中图像、文字的大小和位置，最后完成，如右图所示，并保存为"洁牙用品广告.psd"。

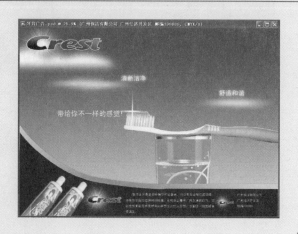

想一想

在上面的实例中，我们用到了哪些新的知识？请大家把使用到的新知识填写在下面的横线上。

_____

_____

_____

 友情提示

关于图层

1.图层的概念

图层就像是做粘贴画一样，每层图像都是独立、分开的，但最后组成的是一个完整的新图像。每次贴上去的图像有前后之分，可以调整次序，前面的图像可以遮挡后面的图像，前面图像的空白处可以透出后面的图像。图层的原理如下图所示：

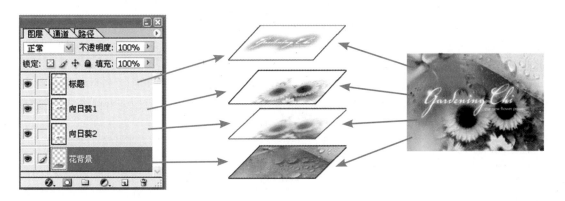

2.图层的面板

打开本模块中的"图层面板说明图像.psd"图像文件，它所对应的图层面板与下图相对应，根据软件给出的提示，请同学们补充完整下图方括号中的名称。

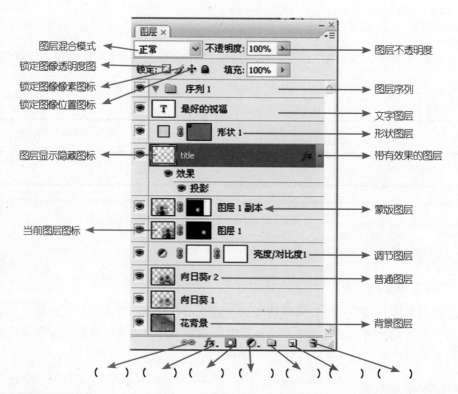

3.图层的分类

根据不同的作用,有不同的图层,各类图层的特点如下:

●背景层: 处于图层面板的最下方。在PhotoShop软件中, 一个图像文件中只能有一个背景层,它可以与普通层相互转换,但不能相互交换重叠次序。如果当前图层为背景层, 执行 "图层/新建/背景图层" 命令或在 "图层" 面板的背景层上双击鼠标,便可以将当前层转换为普通层。

●普通层: 没有图像的普通层相当于一张完全透明的纸,是PhotoShop软件中最基本的图层类型。单击面板底部的 📄 按钮,或执行 "图层/新建/图层" 命令, 即可在文件中新建一个普通图层。普通图层的重叠次序可以相互交换。

●调节层: 主要用于调节其下方所有图层中图像的色调、亮度和对比度等。

●效果层: 当图层面板中的图层应用图层效果 (如阴影、投影、发光、斜面和浮雕以及描边等) 后, 右侧会出现一个 ▼ 🍥 (效果层) 图标,表明这个图层带有图层效果。单击图层面板底部 🍥 按钮,在弹出的下拉列表中选择任意一个选项,然后在弹出的对话框中单击 好 按钮,即在图层中创建了一个效果层。

●形状层: 形状层是使用工具箱中的形状工具在文件中创建图形后,图层面板自动建立的一个图层。当执行 "图层/像素化/形状" 命令后,形状层可以转换为普通层。

●蒙版层: 在图像中, 图层蒙版中颜色的变化使其所在层的图像产生透明效果。其中, 该图层中与蒙版的白色部分相对应的图像不产生透明效果,与蒙版的黑色部分或灰色部分相对应的图像产生透明或相应程度的半透明效果。

● 文本层：文本层是使用工具箱中的"文字"工具，在文件中创建文字后，图层面板自动创建的一个图层，其缩览显示为 T 图标。当对输入的文字进行变形后，文本层将显示为变形文本层，其缩览显示为 工 图标。

做一做

根据图层的不同特点填写下表。

名称 \ 选项	能否交换位置	能否应用图层效果	能否转换为普通图层
背景层			
普通层			
调节层			
效果层			
形状层			
蒙版层			
文本层			

知识窗

招贴又称为海报，是一种张贴在墙壁上的大幅面的宣传画。由于海报的幅面一般远远超过了报纸广告和杂志广告，能吸引大众的注意力，是一种非常有效的、常用的宣传方式。海报一般按照题材分为"社会公益海报"、"文化事业海报"、"商业海报"。海报一般采用铜板纸印刷。彩色铜板印刷一般要求图像的分辨率在 300 像素 / in以上。

任务二 文化衫制作——图层混合模式

任务概述

本任务通过对文化衫效果图的制作，了解和掌握图层混合模式，以及在实例中的应用；了解图层混合模式的各种效果，建立直观的感受。

文化衫制作

创作主题：青春，和谐，突出时代特征。

广告语：奥运在我心中。

操作步骤

1. 打开"素材\模块七\短衫.jpg"和"素材\模块七\火焰.jpg"文件。

2. 将图片"火焰.jpg"置为当前工作状态，单击工具箱中的"魔术棒"工具，单击图片中的白色区域，形成选区。

提示

使用"魔术棒"工具工具时不要勾选连续选项。

3. 执行"选择/反向"命令（快捷键Ctrl+Shift+I），使选区选中"火焰"图像，复制"火焰"图像。将"短衫.jpg"文件置为当前文件，粘贴"火焰"图像，如右图所示。

4.执行"编辑/自由变换"命令，用鼠标拖动，调整"火焰"团体的大小和位置，按"回车"键确认。

提示

按Ctrl+T键，为粘贴的图像添加自由变形框，然后按住"Shift"键，保持缩放比例。

5.在图层面板中，将"图层1"的"混合模式选项"设置为"叠加"模式效果，如下图所示。

6.右击图层1，在弹出的快捷菜单中选择"复制图层"命令，生成"图层1副本"图层；在图层面板中，将"图层1副本"的"图层混合模式"选项设置为"柔光"模式，"不透明度"设为"70%"，如下图所示。

7. 右击"图层 1 副本"图层，在弹出的快捷菜单中选择"复制图层"命令，生成"图层 1 副本 2"图层；在图层面板中，将"图层 1 副本 2"的"图层混合模式"选项设置为"变亮"模式，"不透明度"设为"60%"，如下图所示。

8. 右击"图层 1 副本2"图层，在弹出的快捷菜单中选择"复制图层"命令，生成"图层 1 副本3"图层。在图层面板中，将"图层 1 副本3"的"图层混合模式"选项设置为"正常"模式，"不透明度"设为"30%"。

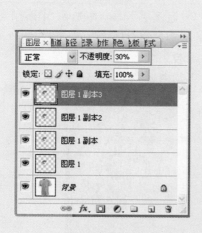

9. 执行"文件/存储为"命令，将文件名命名为"文化衫设计效果图.psd"并保存文件。

想一想

在上面的实例中我们用到了哪些新的知识？请大家把使用到的新知识填写在下面的横线上。

_____

_____

_____

_____

友情提示

图层混合

1.图层混合模式

所谓图层混合模式是指一个图层与其下方图层的色彩叠加方式。在这之前我们所使用的是正常模式，除正常模式以外，还有22种混合模式，它们可以产生迥异的合成效果。不透明度的设置将影响到图层中所有像素。

在想象混合模式的效果时，从以下颜色考虑将有所帮助，如下图所示。

● 基色：图像中的原稿颜色。

● 混合色：通过"绘画"或"编辑"工具应用的颜色。

● 结果色：混合后得到的颜色。

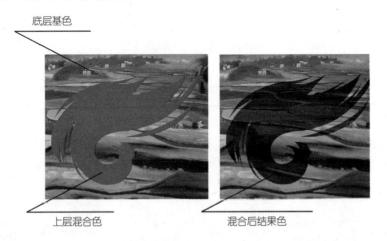

底层基色

上层混合色　　　　　　　混合后结果色

2.混合模式种类及效果

溶解混合模式

变暗混合模式

正片叠底混合模式

颜色加深混合模式

线性加深混合模式

深色混合模式

变亮混合模式

滤色混合模式

颜色减淡混合模式

线性减淡混合模式

浅色混合模式

叠加混合模式

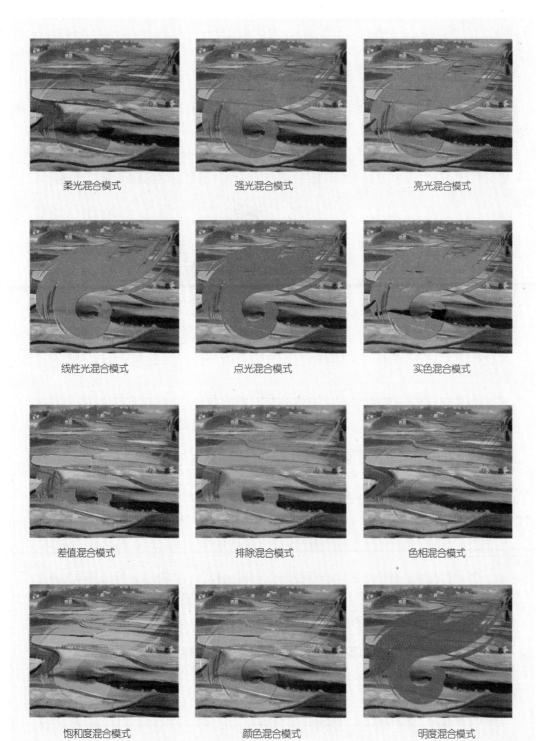

柔光混合模式　　　　　　　强光混合模式　　　　　　　亮光混合模式

线性光混合模式　　　　　　点光混合模式　　　　　　　实色混合模式

差值混合模式　　　　　　　排除混合模式　　　　　　　色相混合模式

饱和度混合模式　　　　　　颜色混合模式　　　　　　　明度混合模式

任务三 播放器界面设计——图层样式的应用

任务概述

　　本任务通过对播放器界面以及"水晶立体按钮"的设计与制作，了解图层样式的概念和不同种类图层样式的作用，掌握对图层的一般操作。

播放器界面设计

创作主题：个性化播放器界面设计。

设计理念：清新，典雅、大方。

　　播放器界面设计完成效果，如右图所示。

操作步骤

1.制作水晶按钮

　　(1)新建文件，色彩模式为RGB模式，分辨率为300像素／in，如右图所示。

　　(2)单击图层面板下的"新建图层"按钮 ，新建图层1，单击工具箱中的"圆角矩形"工具 ，并且击活属性栏中的"填充像素"选项，在新建文件中创建大小适合的圆角矩形图像，如下图所示。

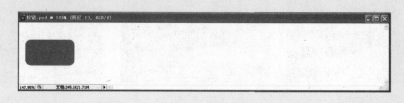

（3）单击"移动"工具，将鼠标移到圆角矩形上，并按下Alt键，复制出一个圆角矩形。用相同的方法再复制出5个圆角矩形，如下图所示。

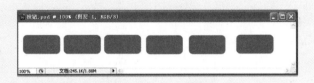

（4）按下Ctrl键，单击各个圆角矩形所在的图层，使6个图层都成选中状态，单击图层面板底部的"链结图层"按钮，将几个图层链结在一起。执行"图层/对齐/顶边对齐"命令，使各个矩形顶边对齐；执行"图层/分布/水平居中分布"命令，水平居中分布，如下图所示。

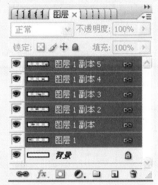

（5）单击图层面板底部的"添加图层样式"按钮，选择投影选项，在弹出的"图层样式"对话框中分别勾选内投影、外发光、内发光、斜面和浮雕、等高线、光泽、颜色叠加和描边8个选项，打开8个对话框，设置参数如下图所示。

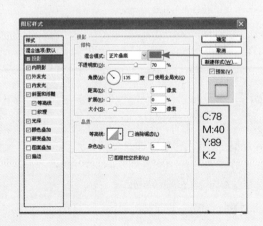

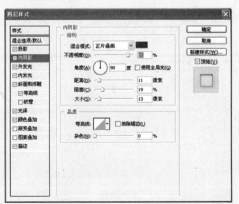

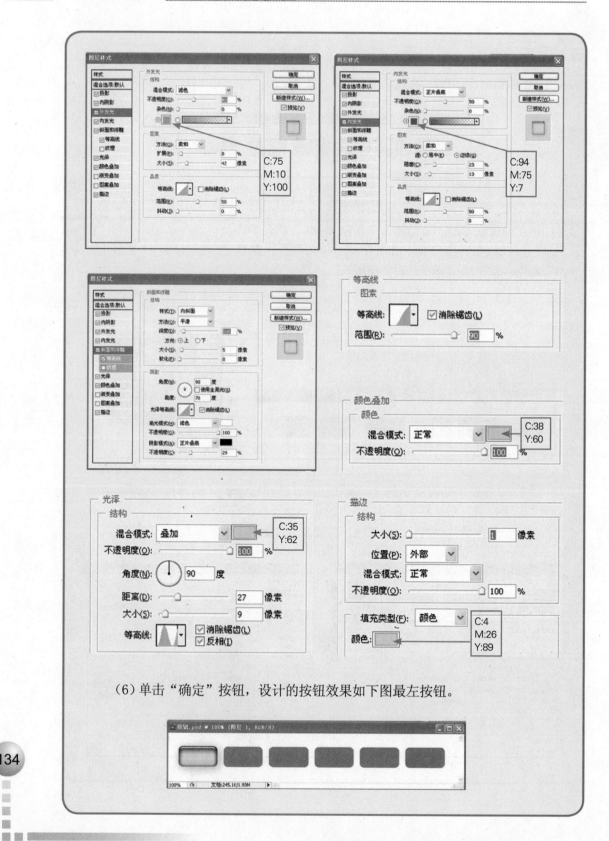

（6）单击"确定"按钮，设计的按钮效果如下图最左按钮。

（7）在图层面板中右击"图层一"，在弹出的快捷菜单中单击"拷贝图层样式"命令；然后依次右击图层 1 副本，选择"粘贴图层样式"命令，在每一个剩下的图层中粘贴图层样式，得到如右图所示效果。

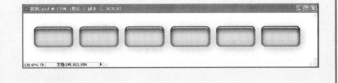

（8）在图层面板中新建图层，在按钮上画出播放器按钮的图标，完成效果如右图所示。

2.制作播放器界面

（1）打开素材文件"素材\模块七\播放界面设计素材.jpg"文件，如右图所示。

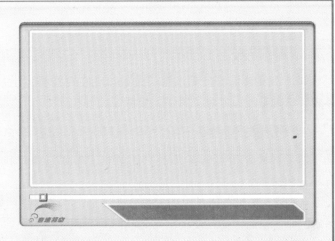

（2）打开"素材\模块七\风景.jpg"文件，按Ctrl＋A键全选；然后将"播放界面设计素材.jpg"置为当前文件，将风景图像粘贴到其中，调整大小和位置，如右图所示。

（3）将制作的按钮文件置为当前文件，按Ctrl键，同时选择除了背景层之外的所有图层；把鼠标移到图像中，按下Ctrl键，用鼠标移动按钮到播放界面设计素材.jpg中，调整到合适位置；执行"文件\存储为"命令，将文件存储为"播放器界面设计.psd"。最后效果如右图所示。

 友情提示

图层样式

1.图层样式

就是图层效果的应用，图层效果体现在图层样式上，利用图层样式可以设置图层的各种特殊效果，如浮雕、阴影、投影等。

2.图层样式命令

图层样式"图层"菜单的"图层样式"中包含了10多种命令，可以制作出许多意想不到的效果。

●投影：给当前图层中的图像添加投影，在其右侧的窗口中可以设置投影不透明度、角度、与图像的距离以及大小等参数。

●内阴影：使当前图层中的图像产生看起来陷入背景中的效果，在其右侧的窗口中可以设置内阴影的不透明度、角度、阴影距离和大小等参数。

●外发光：使当前图层中图像边缘的外部产生发光效果，在其右侧的窗口中可以设置外发光的不透明度和颜色等参数。

●内发光：与外发光选项相似，只是它在图像边缘的内部产生发光效果。

●斜面和浮雕：是图像在制作特殊效果时经常用到的命令，使当前图层中的图像产生不同样式的浮雕效果，在其右侧的窗口中可以设置斜面和浮雕的样式、方法、深度、方向、大小、角度、高度及不透明度等参数，还可以为当前图像添加纹理效果。

●描边：在当前图像的周围描一个边缘的效果，描绘的边缘可以是一种颜色、一种渐变色，也可以是一种图案。在其右侧的窗口中可以设置描边的大小、位置、混合模式和不透明度等参数。

●光泽：使当前图层中的图像产生类似绸缎的平滑效果，在其右侧的窗口中可以设置光泽的颜色、不透明度、角度、距离和大小等参数。

●颜色叠加：产生类似于纯色填充层所产生的效果，它是在当前层的上方覆盖一种颜色，然后对颜色设置不同的混合模式和不透明度，以产生特殊的效果。

●渐变叠加：产生类似于渐变填充层所产生的效果，它是在当前层的上方覆盖一渐变颜色，以产生特殊的效果。在其右侧的窗口中可以设置渐变的颜色、样式、角度以及不透明度等参数。

●图案叠加：产生类似于图案填充层所产生的效果，它是在当前层的上方覆盖不同的图案，然后对此图案设置不同的混合模式和不透明度，以产生特殊的效果。

3.图层样式的创建

图层样式可以通过单击图层面板底部的"添加图层样式"按钮 $fx.$ 来创建，并在随后弹出的样式混合选项面板中设置相应参数。也可以在"图层"菜单中来选择"创建图层样式"，用图层面板底部的"添加图层样式"按钮来创建图层样式，如下图所示。

 知识窗

软件图形界面的设计

软件产品UI设计就是"软件图形界面的设计"。软件的图形界面是用户最先接触到的东西，也是一般用户唯一接触到的东西。用户对于界面视觉效果和软件操作方式的易用性的关心，要远远大于他对软件底层用什么样的代码的关心。如果说程序是一个人的肌肉和骨骼，那么这个程序的图形界面就是人的外貌和品格，是一个成功软件产品必不可少的重要组成部分！

自我测试

1.填空题

（1）根据不同的作用和用途,在PhotoShop中图层分为＿＿＿＿、＿＿＿＿、＿＿＿＿、
＿＿＿＿、＿＿＿＿、＿＿＿＿、＿＿＿＿几类。

（2）图层样式可以通过单击图层面板底部的＿＿＿＿按钮 **fx.** 来创建。

（3）在想象混合模式的效果时,从＿＿＿＿、＿＿＿＿、＿＿＿＿颜色考虑将有所
帮助。

（4）"图层样式"命令主要包括＿＿＿＿、＿＿＿＿、＿＿＿＿、＿＿＿＿和＿＿＿＿以
及＿＿＿＿等,灵活运用图层样式命令可以制作出许多意想不到的效果。

2.操作题

（1）使用"选区"工具和图层样式在树叶上制作晶莹水珠效果（提示：为了使水珠
中的图像更真实,要使用"滤镜\扭曲\球面化"命令）。

（2）用本模块的素材图片婴儿.jpg和荷花.jpg,运用图层混合模式,制作完成如下
右图所示的效果图。

素材1　　　　　　素材2　　　　　　　　　　　效果图

（3）使用图层效果绘制如下图所示的按钮效果。

通道和蒙版的应用

模块综述

通道和蒙版是Photoshop软件中除图层、路径外的另两个重要命令。对于初学者来说，通道和蒙版属于比较难懂的概念，因此本模块将通过具体的实例来详细介绍通道和蒙版的有关内容，以便读者对它们有一个全面的认识。

学习完本模块后，你将能够：

● 掌握通道的概念和通道面板。
● 学会创建新通道。
● 学会通道的复制和删除、拆分与合并。
● 掌握蒙版概念。
● 学会新建蒙版和蒙版的使用。
● 学会关闭和删除蒙版。

任务一 火箭发展史——通道的使用

任务概述

本任务中通过对"世界火箭发展史"书籍封面的设计与制作了解通道的基本概念，以及使用通道来选取图形，掌握对通道的一般操作，了解书籍封面设计意义和一般要求。

《世界火箭发展史》书籍封面的设计与制作

创作主题："世界火箭发展史"封面的设计与制作。

设计理念：火箭穿过云朵飞向深蓝色的神秘太空，以表现火箭辉煌的发展。

操作步骤

1.新建文件，宽度为21cm，高度为29cm，分辨率为300像素/in，颜色模式为RGB色彩模式，内容为白色，设置如右图所示。

新建				
名称(N):	未命名-1			确定
预设(P):	Custom			取消
Size:				存储预设(S)...
宽度(W):	30.52		厘米	删除预设(D)...
高度(H):	1.13		厘米	
分辨率(R):	150		像素/英寸	Device Central...
颜色模式(M):	RGB 颜色		8 位	
背景内容(C):	白色			图像大小:
⊗ 高级				353.7K

2. 设置前景色为C=100,M=95,Y=35,K=55的深蓝色，按Alt+Backspace键，填充前景色。

3. 打开"素材\模块八\白云.jpg"文件，打开通道面板，右击红通道，在弹出的菜单中选择"复制通道"，在弹出的对话框中单击"确定"按钮，复制出红副本通道，如下图所示。

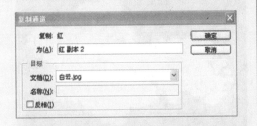

4. 在红副本通道为当前通道的情况下，执行"图像/调整/色阶"命令，弹出"色阶调整"对话框，在其中选取"设置白场吸管"，点击白云的灰色区域，使白云为白色，天空为黑色，如下图所示。

141

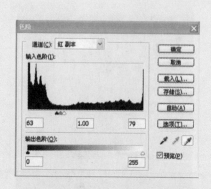
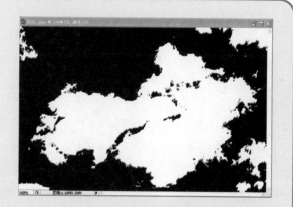

5.将背景色置为黑色，用"橡皮"工具擦掉多余的云朵；按Ctrl键，单击红副本通道，载入红副本通道的选区；按Ctrl+～键回到RGB复合通道，如下图所示。

6.复制云朵图像，将新建文件置为当前文件，将云朵图像粘贴到其中；按Ctrl+T键自由变换，缩放图像到合适的大小，再移动到合适的位置，如下图所示。

7. 打开"素材\摸版八\星球.jpg"文件，用"移动"工具  移动复制到新建文件中；按Ctrl+T键自由变换，缩放图像到合适的大小，旋转180°，再移动图像到合适的位置；用"橡皮"工具 擦去图像下边多余的、生硬的图像，使星球图像与背景图像融合，如下图所示。

8. 打开"素材\摸快八\火箭.jpg"文件，选择图像中的火箭，用"移动"工具 移动复制到新建文件中，并调整大小和位置，如下图所示。

9. 右击云朵所在图层，在弹出的菜单中选择"复制图层"；把复制出来的云朵图层移动到火箭所在的图层上方，并在图层的混合模式中选择"强光"混合模式。效果如下图所示。

 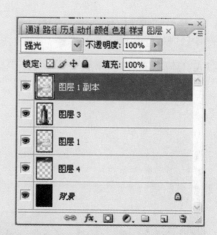

10. 选择"竖排文字"工具 ，在图像中输入文字"世界火箭发展史"，设置字号为60，字体为"超粗黑简体"。文字颜色为C=45, M=100, Y=80, K=75；单击"图层效果"按钮 **fx.**，选择描边效果。设置和完成效果如下图所示。

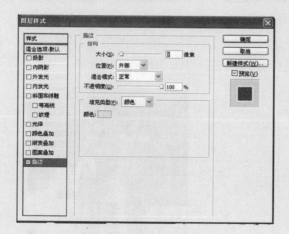 

想一想

在上面的实例中我们用到了哪些新的知识？请大家把用到的新知识填写在下面的横线上。

友情提示

通道

1.通道的概念与分类

通道主要用于保存颜色数据,利用它可以查看各种通道信息,还能对通道进行编辑从而达到编辑图像的目的。一个图像最多可有56个通道。所有的新通道都具有与原图像相同的尺寸和像素数目。

通道分为以下几类:

●颜色信息通道: 是在打开新图像时自动创建的。图像的颜色模式决定了所创建的颜色通道的数目。颜色信息通道包括单色通道和复合通道。

●Alpha 通道: 将选区存储为灰度图像。可以添加Alpha通道来创建和存储蒙版,这些蒙版用于处理或保护图像的某些部分。

●专色通道: 指定用于专色油墨印刷的附加印版。RGB颜色模式和CMYK颜色模式的图像通道原理图解如下:

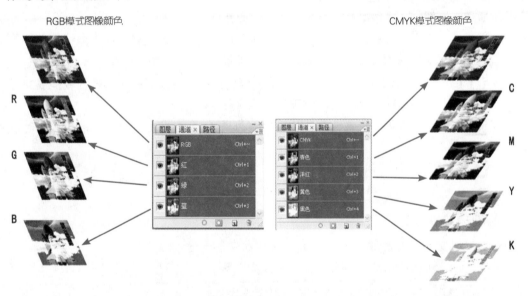

> **注意**: 只有以支持图像颜色模式的格式存储文件,才会保留颜色通道。只有当以 Photoshop, PDF, PICT, Pixar, TIFF, PSB, 或Raw格式存储文件时,才会保留Alpha通道。DCS 2.0 格式只保留专色通道,以其他格式存储文件可能会导致通道信息丢失。

2.通道面板

利用通道面板可以完成创建、复制或删除通道等所有的通道操作。如打开一幅采用

RGB色彩模式的图像文件，其通道面板如下图所示。

3.通道各部分的作用

● （显示/隐藏通道）图标：单击可以使通道在显示或隐藏间切换。由于主通道是各原色组成，因此选中通道面板中的某个原色通道时，主通道将会自动隐藏。如果选择显示通道，由其组成的原色通道将自动显示。

● 通道缩览图：主要作用是显示当前通道的颜色信息。

● 通道名称：通过它能快速识别各种通道的颜色信息。各原色通道和主通道的名称是不能改动的，通道名称的右侧为切换该通道的快捷键。

● （加载选择区）按钮：将当前通道中颜色比较淡的部分当作选择区域加载到图像中，相当于按住Ctrl键单击该通道所得到的选择区域。

● （蒙版）按钮：将当前的选择区存储为通道，只有当前通道中有选择区域时，此按钮才可用。

● （新建）按钮：创建一个新的通道。

● （删除）按钮：将当前选择或编辑的通道删除。

4.通道操作

通道的新建主要有两种，分别为Alpha通道和专色通道。

● Alpha通道的创建：在"通道"菜单中选取"新通道"命令，或按住Alt键单击通道面板底部的 按钮，在弹出的"新通道"对话框中设置相应的参数选项后，单击"好"按钮，便可创建出新的Alpha通道。

● 专色通道的创建：在"通道"菜单中选择"新专色通道"命令，或按住Ctrl键单击通道面板底部的 按钮，在弹出的"新专色通道"对话框中设置相应的参数后，单击"好"按钮，便可在通道面板中创建新的专色通道。

在通道面板中，除了利用 按钮和 按钮"新建"和"删除"通道外，还可以利用以下几种方法对通道进行复制或删除操作。

● 复制通道：在通道面板中，将要复制的通道设置为当前通道，然后执行"通道/复制通道"命令，或在此通道上单击鼠标右键，在弹出的快捷菜单中选择"复制通道"命令，系统会弹出"复制通道"对话框，在对话框中设置相应的参数选项后，单击"好"

按钮，即可完成通道的复制。

●删除通道：在通道面板中，将要删除的通道设置为当前通道，然后执行"通道/删除通道"命令，或在此通道上单击鼠标右键，在弹出的快捷菜单中选择"删除通道"命令，即可完成通道的删除。

 做一做

根据通道的不同特点填写下表。

名　称	概念和作用
复合通道	
单色通道	
专色通道	
Alpha通道	

 知识窗

书籍装帧设计

书籍装帧设计需要经过了解→构思设计→制作过程。首先了解书籍的内容、性质、特点和读者对象，开本尺寸、精装、平装、用纸和印刷等一系列问题，然后进行设计构思，最后才是制作。书籍的装帧设计力求使美学与书籍"文化形态"的内涵相融合。

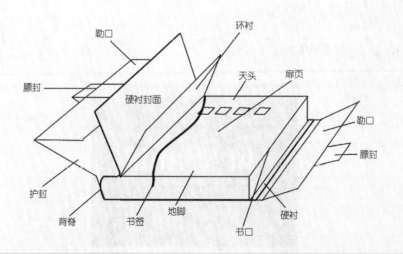

任务二　制作透明浮雕文字——Alpha通道与选区的转换

任务概述

本任务中通过制作透明浮雕文字来进一步加深对Alpha通道的理解，掌握Alpha通道中灰度图像的运算，Alpha通道与选区的相互转换。

制作透明浮雕文字

创作主题：清新、自然的生活环境。

广告语：回归自然。

操作步骤

1. 打开"素材＼模块八＼风雪.jpg"文件，激活通道面板，单击底部的 图标，创建Alpha1通道；单击工具箱中的"文字"工具 T，输入文字"风雪雪山景"，文字设置如下图所示。

2.按Ctrl+D键取消选区，执行"滤镜/模糊/高斯模糊"命令，在弹出的对话框中设置半径为2.0。

3.执行"滤镜/风格化/浮雕效果"命令，在弹出的对话框中设置高度为5。

4.右击Alpha1通道，选择"复制通道"命令，在弹出的对话框中命名为Alpha 2。

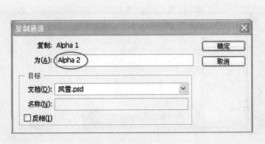 

5.Alpha 2通道为当前通道，执行"图像/调整/反相"命令，使画面色彩反

向；执行"图像/调整/色阶"命令，在弹出的对话框中选择设置黑场吸管，点击画面中的灰色区域，使画面的灰色成为黑色，如下图所示。

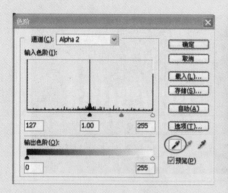

用吸管点击画面中的灰色区域，使画面的灰色成为黑色

6. 设置Alpha1通道为当前通道，执行"图像/调整/色阶"命令，在弹出的对话框中选择设置黑场吸管，点击画面中的灰色区域，使画面的灰色成为黑色，如右图所示。

7. 设置Alpha 2通道为当前通道，单击底部的 ○ 图标，将Alpha 2通道转换为选区，按Ctrl+～键回到RGB通道。单击图层面板，设置背景图层为当前图层；执行"图像/调整/亮度/对比度"命令，在弹出的对话框中设置亮度为-100，效果如下图所示。

8. 回到通道面板，设置Alpha1通道为当前通道，并将Alpha1通道转换为选区。按Ctrl+∽键回到RGB通道。单击图层面板，设置背景图层为当前图层；执行"图像/调整/亮度/对比度"命令，在弹出的对话框中设置亮度为+100，单击"确定"按钮；最后按下Ctrl+D键取消选区，效果如下图所示。

 友情提示

Alpha通道

Alpha通道专门用于存储选择区域，在一个图像中总数不得超过24个。

Alpha通道具有以下特点：

（1）所有通道都是8位灰度图像，能够显示256级灰阶。

（2）可以添加或删除。

（3）可以指定每个通道名称、颜色、蒙版选项的不透明度（不透明度影响通道的预览，而不影响图像）。

（4）所有新通道具有与原图像相同的尺寸和像素数目。

（5）可以使用绘画工具，在Alpha通道中编辑蒙版。

（6）将选区存放在Alpha通道中，方便在同一图像或不同的图像中重复使用。

任务三　撕纸效果——快速蒙版的使用

任务概述

本任务中通过对"撕纸效果"的制作了解通道的基本概念，以及使用快速蒙版来编辑选区、选取图形，掌握快速蒙版的一般操作，了解书法文字在现代设计中的应用。

做一做

兰亭序撕纸效果

作品分析：使用兰亭序天下第一行书为素材制作出撕纸效果，表现出作品的古朴的感觉。

创作主题：撕纸效果——兰亭序撕纸效果。

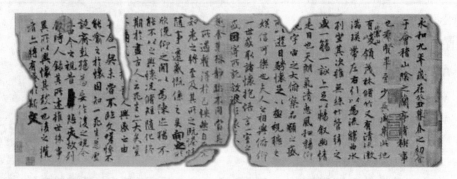

操作步骤

1.打开"素材\模块八\兰亭序.psd"文件，在工具箱中单击快速蒙版，在文件中建立快速蒙版，如下图所示。

2.在通道面板中将快速蒙版通道设为当前通道，将前景色设为黑色，激活"画笔"工具在图像的快速蒙版通道中画出黑色图像，效果如下图所示。

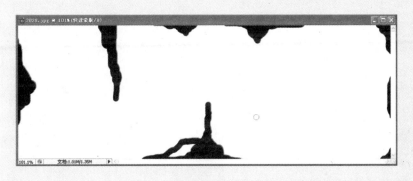

3.执行"滤镜/素描/撕边滤镜"命令，设置参数为图像平衡为25，平滑度为11，对比度为17，单击"确定"按钮，如下图所示。

4.执行"滤镜/模糊/高斯模糊滤镜"命令，在打开的对话框中，设置半径为2像素，单击"确定"按钮，如右图所示。

5.激活RGB通道，使快速蒙版通道和RGB通道共同显现，在图像中的暗红色部分就是被保护区域，如下图所示。

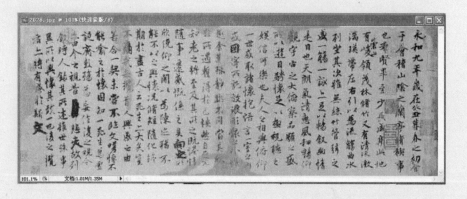

6.单击工具箱中的"以标准模式编辑"按钮，回到标准模式编辑状态，蒙版部分转换为选区，如下图所示。

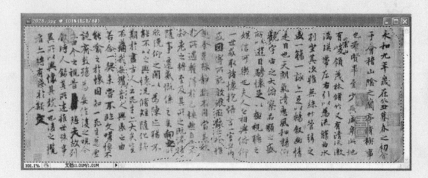

7. 执行"选择/反向"命令（快捷键Ctrl+Shift+I），反选选区，单击Del键删除选择区域的图像，如下图所示。

8. 按Ctrl+D键取消选区。单击"图层效果"按钮 *fx*，选择投影效果，混合模式为正片叠底，不透明度为75%，角度为135°，其他参数设置如右图所示。

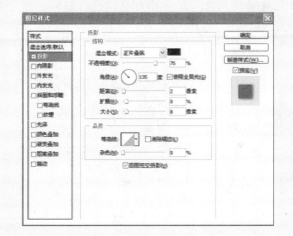

9. 单击"确定"按钮，完成操作，最后效果如下图所示。

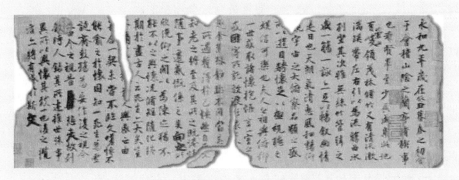

想一想

在上面的实例中我们使用了哪些新的知识？请大家把使用的新知识填写在下面的横线上。

_____

_____

 友情提示

关于蒙版

1.蒙版概念

蒙版和通道都是灰度图像，因此可以使用"绘图"工具、"编辑"工具和"滤镜"工具像编辑其他图像一样对它们进行编辑。在蒙版上，用黑色绘制的区域将会受到保护，用白色绘制的区域是可编辑区域，蒙版存储在 Alpha 通道中。

存储蒙版信息的Alpha通道

2.蒙版操作

（1）创建蒙版的方法

方法1：利用工具箱中的任意一种选择区域工具，在打开的图像中绘制选择区域，然后执行"图层/添加图层蒙版"命令，即可得到一个图层蒙版。

方法2：在图像中具有选择区域的状态下，在图层面板中单击 按钮，可以为选择区域以外的图像部分添加蒙版。如果图像中没有选择区域，单击 按钮可以为整个画面添加蒙版。

方法3：在图像中具有选择区域的状态下，在通道面板中单击 按钮可以将选择区域保存在通道中，并产生一个具有蒙版性质的通道。如果图像中没有选择区域，在通道面板中单击 按钮，新建一个"Alpha1"通道，然后利用"绘图"工具在新建的"Alpha1"通道中绘制白色，也会在通道上产生一个蒙版通道。

方法4：在工具箱中单击 按钮会在图像中产生一个快速蒙版。

给图层中的图像添加了蒙版之后，图层蒙版中各图标的含义如下图所示。

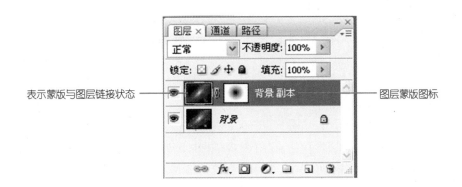

表示蒙版与图层链接状态 ← → 图层蒙版图标

（2）关闭、删除和应用蒙版

在图像文件中，如果为某一层添加了蒙版后，菜单栏中的"添加图层蒙版"命令将变为"停用图层蒙版"命令和"移去图层蒙版"命令，当感觉效果不好或不需要时，可执行这些命令，将蒙版关闭或删除；如果满意，可执行应用命令将其保留。

①关闭蒙版：当在图像文件中添加了蒙版后，执行"图层/停用图层蒙版"命令，在图层面板中添加的蒙版将出现红色的交叉符号，即可将蒙版关闭。此时"停用图层蒙版"命令变为"启用图层蒙版"命令，再次执行此命令，可启用蒙版。

②删除蒙版：执行"图层/移去图层蒙版/扔掉"命令，在图层中添加的蒙版将被删除，图像文件将还原成没有设置蒙版之前的效果。

③应用蒙版：当在图像文件中添加了蒙版后，执行"图层/移去图层蒙版/应用"命令，可以应用蒙版保留图像当前的状态，同时图层面板中的蒙版被删除。

3.快速蒙版

快速蒙版模式可将选区转换为临时蒙版，以便更轻松地编辑。快速蒙版将作为带有可调整的不透明的颜色叠加出现。可以使用任何绘画工具编辑快速蒙版或使用滤镜修改它。退出快速蒙版模式之后，蒙版将转换回为图像上的一个选区。

 知识窗

书法文字的运用

书法在设计中的运用要受到汉字本身结构的限制,变化只能在一定框架中进行。书法的艺术功能中往往包含着文字的意义,其中蕴藏着的中国文化内涵也相当丰富。此外,它还包含着情绪、姿态、思考以及其他许多文化信息。这正是传统书法艺术在现代装潢设计中得到越来越广泛使用的原因。

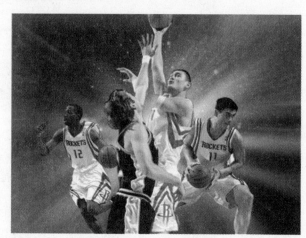

任务四 爆炸效果——图层蒙版的作用

任务概述

本任务中通过对"篮球队宣传画"爆炸效果的设计与制作了解图层蒙版的具体应用，以及使用图层蒙版制作画面特效，利用图层合成图像。

篮球队宣传画的设计与制作

作品分析：以星空为背景的爆炸效果，衬托出篮球队员一往无前，勇敢拼搏的精神。

创作主题：篮球队宣传画的设计与制作。

操作步骤

1.打开"素材\模块八\星空.jpg"文件，在图层面板中右击，在弹出的菜单中选择"复制图层"命令，复制出"背景副本"图层，如下图所示。

2. 执行"滤镜/模糊/径向模糊"命令，在打开的对话框中，设置数量为100，模糊方式为缩放，单击"确定"按钮，如下图所示。

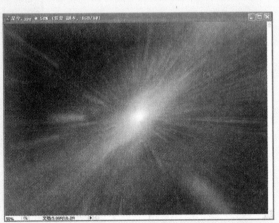

3. 使"背景副本"图层为当前图层，单击图层面板中的图层蒙版图标，为其添加图层蒙版，如右图所示。

4. 选择"渐变"工具，将前景色设为黑色，背景设白色，渐变形式为径向渐变，在图像的中间位置向外拖出渐变，使中间的图像由透明到不透明过渡，效果如右图所示。

5. 激活通道面板，单击通道面板底部的"新建通道"按钮🔲，新建Alpha1通道；单击工具箱中的"画笔"工具，设置前景色为白色，在Alpha1通道中画出如下图所示的效果。

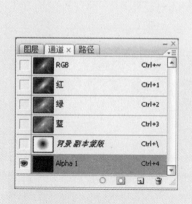
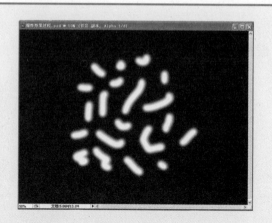

6.执行"滤镜/扭曲/波纹"命令,在弹出的对话框中设置数量为200,大小为大,单击"确定"按钮,效果如下图所示。

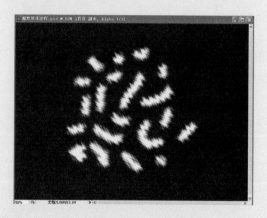

7.执行"滤镜/模糊/径向模糊"命令,在弹出的对话框中设置参数为100,模糊方式为缩放,单击"确定"按钮,效果如下图所示。

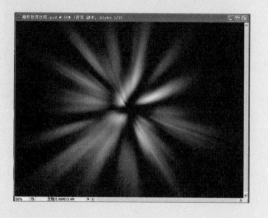
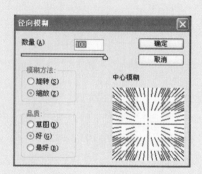

8.按下Ctrl键，单击Alpha1通道载入Alpha1通道的选区。回到图层面板，在其中新建图层1，设置前景色为白色，按Ctrl+Backspace键填充前景色，然后按Ctrl+D键取消选区，效果如下图所示。

9.打开"素材\模块八\球员.psd"文件，使用"移动"工具将球员图像移动复制到前一文件中，调整到合适的位置，完成本案例的制作，效果如下图所示。

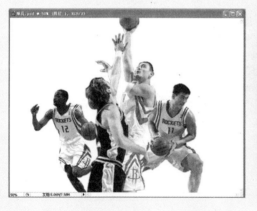

想一想

在上面的实例中我们使用了哪些新的知识？请大家把使用的新知识填写在下面的横线上。

友情提示

矢量蒙版与图层蒙版

（1）矢量蒙版与分辨率无关，可使用"钢笔"工具或"形状"工具创建，各操作位置如下图所示。

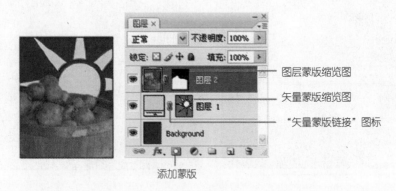

图层蒙版缩览图

矢量蒙版缩览图

"矢量蒙版链接"图标

添加蒙版

（2）图层蒙版是一种灰度图像，在图层蒙版中用黑色绘制的区域将被隐藏，用白色绘制的区域是可见的，而用灰度梯度绘制的区域则会出现在不同层次的透明区域中。下左图为操作效果，下右图为图层结构参数。

- 用黑色绘制的背景；
- 用灰色绘制的说明卡片；
- 用白色绘制的篮子。

知识窗

宣传画

1.常用宣传画的张贴方式

宣传画张贴于被人注意的场所。宣传画可以单独张贴，也可以采用二方连续、四方连续的方式张贴，如右图所示。

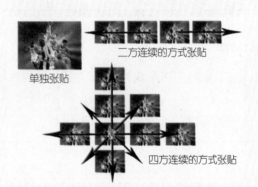

单独张贴

二方连续的方式张贴

四方连续的方式张贴

2.常用宣传画的印刷纸张开数与规格

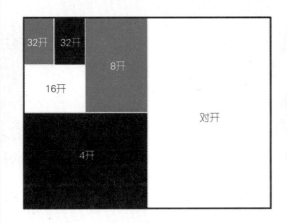

开 本	尺 寸
对开	736mm×520mm
4开	520mm×368mm
8开	368mm×260mm
16开	260mm×184mm
32开	184mm×130mm

 自我测试

1.填空题

（1）图像的_____决定了所创建的颜色通道的数目，如CMYK色彩模式的图像包括_____通道、_____通道、_____通道、_____通道和_____通道。

（2）Alpha 通道将选区存储为_____，可以添加 Alpha 通道来创建和存储蒙版，这些蒙版用于处理或保护图像的某些部分。

（3）蒙版和通道都是_____，因此可以使用_____工具、_____工具和_____，像编辑其他图像一样对它们进行编辑。

（4）在蒙版上用_____色绘制的区域将会受到保护，用_____色绘制的区域是可编辑区域，蒙版存储在_____通道中。

2.操作题

（1）打开"素材\模块八\狮子.jpg"文件，运用图层蒙版和径向模糊滤镜制作如下面右图的爆炸效果。

素材

完成结果图

163

（2）打开"素材\模块八\花.jpg"和"素材\模块八\仙子.jpg"文件，使用图层蒙版制作如下右图的效果。

素材1   素材2   完成结果图

模块九

滤镜的应用

模块综述

滤镜具有美化图片、改善图片缺陷等功能，可以对图层对象进行各类型的滤镜特效设置，创造出奇妙的视觉效果。由于滤镜的种类较多，要想通过一个实例将所有滤镜介绍完是不现实的，因此，在本模块中，我们通过"产品宣传画"、"特效文字"和"建筑效果"三个实例，给大家说明滤镜的使用方法以及展示滤镜制作的特效。

学习完本模块后，你将能够：

● 了解滤镜的种类与作用。
● 掌握滤镜的基本使用方法。
● 掌握滤镜在文字中的应用。
● 掌握混合滤镜的使用方法。

任务一 产品宣传画——滤镜的基本使用

任务概述

通过对"七喜宣传广告"的设计与制作掌握如何利用"模糊"滤镜组、"扭曲"滤镜组和"艺术效果"滤镜组来制作冰块的技巧，进而掌握滤镜的基本操作和认识滤镜的基本。

"七喜宣传广告"的设计与制作

作品分析：蓝色水波纹背景显示清凉画面效果，加以中间部分的亮光显得背景有一定的立体感；三个罐装饮料瓶表明产品的名称及类型；下方的冰块显示出清凉效果并进一步点明主题。

创作主题："七喜"夏日冰镇饮料宣传广告。

操作步骤

1.在Photoshop CS3环境下，打开"素材\模块九\七喜饮料宣传广告背景.jpg"文件，画布窗口如右图所示。

2.新建一个图层，得到"图层1"，在该图层上的适当位置绘制一个立方体，作为冰块的基本形状，局部效果如右图所示。

提示

这个立方体的三个面上的颜色尽量设置为不同，便于我们后面的操作，这里把颜色设置"黑"、"白"、"灰"三种。

3.选择"魔棒"工具 ，对立方体的其中一个面进行选择，然后新建一个图层，得到"图层2"，局部效果如右图所示。

4.选择"图层2"，执行"编辑/描边"命令，参数设置与局部效果如下图所示。

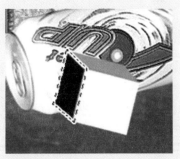

5.选择"图层1"，用"魔棒"工具对立方体的另一个面进行选择，局部效果如右图所示。

6. 重复步骤4操作，局部效果如右图所示。

7. 选择"图层1"，用"魔棒"工具对立方体的最后一个面进行选择，局部效果如右图所示。

8. 重复步骤4，局部效果如右图。

9. 建立"图层2"的作用是将白色的描边对象作为一个独立的图像，这个图像的位置就在"图层2"上。之所以这样操作，是因为我们在后面要将描边轮廓作为一个单独的对象进行滤镜处理，大家在后面的步骤中将会有清楚的认识。现在取消"图层1"的显示，得到的局部效果如右图所示。

10. 选择"图层1"，按住Ctrl键，单击"图层1"的图层缩览图，创建立方体的选区，执行"选择/存储选区"命令，设置参数，如右图所示。

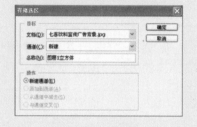

提示

在"存储选区"对话框中的"名称"栏目中的名称可以简化，只要操作者自己能够识别就可以了，比如将名称定义为："1"或"10"均可。

11. 选择"图层2"，按住Ctrl键，单击"图层2"的图层缩览图，创建选区，执行"选择/载入选区"命令，参数设置与局部效果如下图所示。

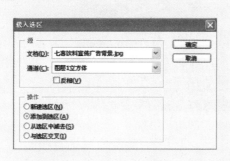

12. 选择"图层1"，设置"图层1"的总体不透明度为20%。

13. 选择"背景"图层，执行"滤镜/模糊/高斯模糊"命令，参数设置与局部效果如下图所示。

14. 执行"滤镜/扭曲/旋转扭曲"命令，参数设置与效果如下图所示。

15.执行"滤镜/艺术效果/海绵"命令，参数设置与局部效果如下图所示。

16.执行"滤镜/艺术效果/塑料包装"命令，参数设置与局部效果如下图所示。

17.执行"滤镜/扭曲/海洋波纹"命令，参数设置与局部效果如下图所示。

18.按住Ctrl键，单击"图层1"和"图层2"以选中这两个图层，按Ctrl+E键合并图层，将新图层命名为"图层1"。

19. 选择"图层1",执行"滤镜/模糊/高斯模糊"命令,参数设置与局部效果如下图所示。

20. 执行"选择/修改/平滑"命令,参数设置与局部效果如下图所示。

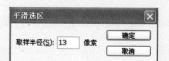

21. 按Ctrl+Shift+I键进行反选,再按Delete键将多余部分清除,再次进行反选。此时,立方体图形的边界改变为平滑状态,局部效果如右图所示。

22. 按住Ctrl键,单击"背景"和"图层1"以选中这两个图层,按Ctrl+E键合并图层。此时,在图层调板中只有一个图层,即"背景"。

23. 执行"文件/新建"命令，参数设置如右图所示。

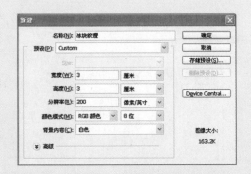

24. 将"七喜饮料宣传广告背景"画布窗口中选区内的图像移动复制到"冰块纹理"画布窗口中，并调整对象的大小与"冰块纹理"画布窗口大小基本一致，效果如右图所示。

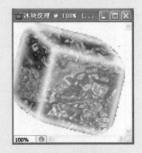

25. 执行"文件/存储为"命令，将"冰块纹理"进行保存，然后关闭"冰块纹理"画布窗口。

提示

保存这个文件的目的是将其作为一个纹理在后面的操作中进行载入。在操作者能够识别的情况下，文件名称和存储路径可以自定义。

26. 执行"滤镜/模糊/径向模糊"命令，参数设置与局部效果如下图所示。

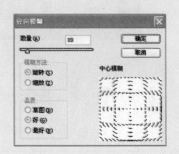

27. 执行"滤镜/扭曲/玻璃"命令，参数设置与局部效果如右图所示。

28. 执行"图像/调整/'亮度/对比度'"命令，参数设置与局部效果如下图所示。

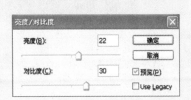

29. 新建一个图层，得到"图层1"，执行"编辑/描边"命令，设置参数如右图所示。

30. 执行"滤镜/模糊/高斯模糊"命令，参数设置与局部效果如下图所示。

31. 合并"背景"和"图层1"两个图层。

32. 执行"图像/调整/色阶"命令（快捷键Ctrl+L），参数设置与局部效果如下图所示。

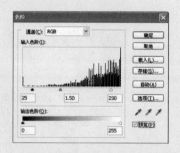 

33. 执行"图层/新建/通过拷贝的图层"命令（快捷键Ctrl+J），复制选区内容到一个新的图层，得到"图层1"。

34. 执行"编辑/变换/垂直翻转"命令，移动对象到适当位置，设置"图层1"的总体不透明度为20%，局部效果如右图所示。

35. 按照以上方法，多制作几个冰块，局部效果如下图所示。

36. 在图层调板中选中所有图层，按Ctrl+E键进行合并。

至此，整幅图像就已制作完成。整体效果及图层调板状态如下图所示。

 做一做

请大家思考以下几个问题，将答案填写在下面的横线上。

1.步骤10的作用是什么？

_____

2.可否将步骤23～步骤25省去？为什么？

_____

_____

友情提示

关于滤镜

1.滤镜的主要作用

　　在这个例子中，展现了利用滤镜制作冰块的全过程，主要使用了"模糊"滤镜组、"扭曲"滤镜组和"艺术效果"滤镜组。从这个例子我们可以看出，滤镜的最大作用是制作特效，比如冰块。其实这则广告的背景也是使用滤镜组制作的，方法与冰块的制作大同小异，同学们可以在课后实践一下。

在使用滤镜制作特效时，滤镜的种类较多，但使用方法大同小异效果也比较直观。

2.滤镜的使用技巧

（1）如果图像较大，可以采取分别在图像的单个颜色通道上进行滤镜操作来为图像施加特效。

（2）位图模式和索引模式的图像不能使用滤镜，要先将模式转换为RGB模式之后才能使用滤镜命令。

（3）如果对图层上的某个区域使用滤镜命令，要选取该区域；如果对整个图层的所有对象使用滤镜命令，则不需选取。

（4）在较大的图像上使用滤镜命令之前，可以先执行"编辑/清理/全部"命令以释放内存。

（5）已使用的滤镜命令会出现在"滤镜"菜单的顶部，再次使用该命令时可以按快捷键Ctrl+F。

（6）在"滤镜命令"对话框中按住Alt键，可将"取消"按钮转换为"复位"按钮，单击"复位"按钮可以恢复该对话框中所有参数设置为默认值。

（7）所有的滤镜命令都集合在"滤镜"菜单中，调用起来十分方便。

3.不能直接执行滤镜命令的图层

主要有以下两大类：

● 文字图层

● 新建的图层

文字图层在执行滤镜命令前必须进行"栅格化"；而新建的图层之所以不能直接执行滤镜命令，是因为图层中的内容为空，这时，要向图层内添加内容，这个内容可以是图像，也可以是图形，甚至可以只是一种颜色。

以上技巧均是在使用的过程中总结而得，不很完整，同学们在实践的过程中可以自己进行总结。

 知识窗

对于产品宣传画，首要问题是点明主题，通常是使用产品照片或主题文字来说明，而要想吸引观众的眼球，还得靠画面的色彩和特效。另外，对于冰镇饮料之类广告，往往要受到季节的限制，这则广告就不适宜在冬季使用。

任务二 特效文字——滤镜制作文字特效

任务概述

在很多平面广告中都有特效文字，它的制作也与滤镜有关，本任务将通过对"火焰文字"和"放射文字"的设计与制作，从而介绍如何利用"模糊"滤镜组、"扭曲"滤镜组和"风格化"滤镜组制作特效文字。

"火焰文字"、"放射文字"的设计与制作

作品分析：火焰、放射。

创作主题：利用滤镜制作特效文字。

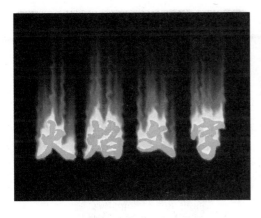 

操作步骤

1."火焰文字"的制作

（1）执行"文件/新建"命令（快捷键Ctrl+N），参数设置如右图所示。

（2）选择前景色为黑色，按Alt+Del键填充前景色。

（3）选择"横排文字"工具，在画布窗口中输入"火焰文字"，在字符调板中设置参数，参数设置与局部效果如下图所示。

（4）按住Ctrl键，单击图层"火焰文字"的图层缩览图，载入选区，按Ctrl+C键复制选区。

（5）选择图层调板中的所有图层，按Ctrl+E键进行合并。

（6）执行"图像/旋转画布/90度（顺时针）"命令，进行画布旋转。

（7）执行"滤镜/风格化/风"命令，参数设置与局部效果如下图所示。

（8）按Ctrl+F键三次，增加特效"风"的长度，局部效果如右图所示。

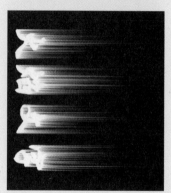

（9）执行"图像/旋转画布/90度（逆时针）"命令。

（10）执行"滤镜/模糊/高斯模糊"命令，参数设置与局部效果如下图所示。

（11）执行"滤镜/扭曲/波纹"命令，参数设置与局部效果如下图所示。

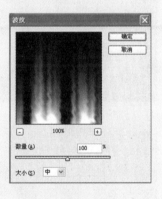

（12）执行"图像/模式/灰度"命令，执行"图像/模式/索引颜色"命令，再执行"图像/模式/颜色表"命令，参数设置与局部效果如下图所示。

（13）按Ctrl+V键粘贴选区，将选区移动到适当位置，局部效果如右图所示。

（14）设定前景色参数为R：255，G：174，B：0，按Alt+Del键填充前景色，按Ctrl+D键取消选区，局部效果如右图所示。

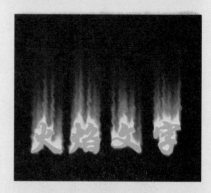

至此，火焰文字制作完成，整体效果如右图所示。

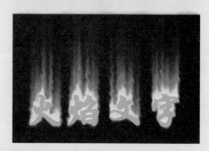

2. "放射文字"的制作

（1）执行"文件/新建"命令，参数设置如右图所示。

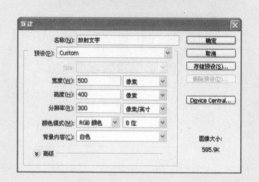

（2）选择前景色为黑色，按Alt+Del键填充前景色。

（3）选择"横排文字"工具，在画布窗口中输入"放射文字"，在字符调板中设置参数，参数设置与局部效果如下图所示。

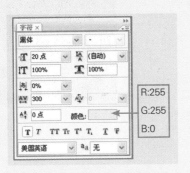

（4）选择图层调板中的所有图层，按Ctrl+E键进行合并。

（5）执行"滤镜/扭曲/极坐标"命令，参数设置与局部效果如下图所示。

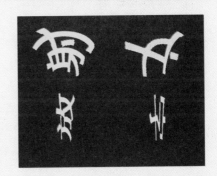

（6）执行"图像/旋转画布/90度（顺时针）"命令，进行画布旋转。

（7）执行"滤镜/风格化/风"命令，参数设置与局部效果如下图所示。

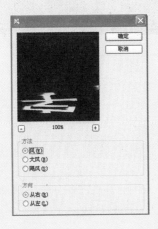

（8）按Ctrl+F键一次，增加特效"风"的长度，局部效果如右图所示。

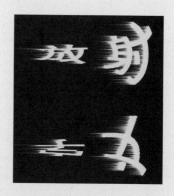

（9）执行"图像/旋转画布/90度（逆时针）"命令。

（10）执行"滤镜/扭曲/极坐标"命令，参数设置与局部效果如下图所示。

至此，火焰文字制作完成，整体效果如右图所示。

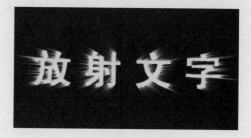

 做一做

请大家思考以下问题，将答案填写在下面的横线上。

1. 制作"火焰字"分别使用了哪些滤镜命令？

2. 制作"放射字"分别使用了哪些滤镜命令？

友情提示

火焰特效

1.火苗长度由什么决定

这两个特效文字实例都用到了滤镜中的"风"效果，使用这个命令的目的是为了创建"扫帚"状的线条，这种线条的长度是由使用"风"效果的次数来决定的。比如"火焰文字"中这个操作就进行了4次，因此火苗的长度明显比"放射文字"的射线长度要长得多（"射线文字"只使用了两次）。

2.怎样使火苗更柔和

对于"火焰文字"中火苗的处理，还可以在设置了"波纹"之后用"涂抹"工具对火苗进行涂抹，这样，火苗看上去会更加柔和、自然。下图的效果就是使用了"涂抹"工具之后得到的效果。

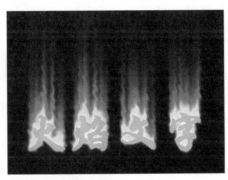

3.色彩模式设置

在制作火焰字时，值得注意的是：设置颜色表之前，必须将色彩模式转换为"灰度"，否则达不到预期效果。我们可以在新建时，就将色彩模式设置好，后面的操作就能省去这个步骤。

4.放射方向怎样调节

"放射文字"这个实例中，我们制作的射线是向前发散的，还有一种情况是射线向后收拢，如下图所示，这只需在"风"滤镜的设置中把方向改为"从左"即可。

5.怎样得到冰晶效果

除了这两种文字以外，我们还可以使用"像素化"滤镜组、"风格化"滤镜组、"扭曲"滤镜组、"杂色"滤镜组和"模糊"滤镜组来制作"冰晶字"，效果如下图所示。

 知识窗

文字的滤镜特效，种类很多，以上两例仅仅只是其中一部分，另外还有如"金属字"（效果如右图）等，更多的特效运用还需要同学们在实践的过程中举一反三。

任务三　建筑效果后期制作——混合滤镜的使用

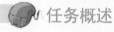 任务概述

Photoshop的功能之所以强大，不仅在于它将几个图像进行拼合（图像合成），更在于它可以将合成后的图像利用滤镜组加以处理，制作出各种特效。本任务将通过对"建筑效果图"的后期制作，掌握"杂色"滤镜组、"模糊"滤镜组、"渲染"滤镜组和"扭曲"滤镜组的混合使用技巧。

"别墅外观效果"的设计与制作

作品分析：别墅建筑、天空、草地、树木等。

创作主题：别墅外观效果的后期制作。

 操作步骤

1.执行"文件/新建"命令，参数设置如右图所示。

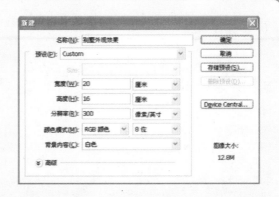

2.选择"矩形选框"工具，在画布窗口中适当位置绘制矩形选区，效果如右图所示。

3.设置前景色为R：150，G：155，B：255；背景色为R：255，G：255，B：255。

4. 新建图层，得到"图层1"，执行"滤镜/渲染/云彩"命令，局部效果如右图所示。

提示

在执行"云彩"命令时，可能得到的效果各有不同，这是因为计算机的随机性造成的，可以按Ctrl+F键若干次，将效果调整为近似于天空效果即可。

5. 按Ctrl+D键取消选框。

6. 执行"编辑/自由变换"命令（快捷键Ctrl+T），按住Shift键，用鼠标拖动顶点控制点，进行等比缩放，移动图像到适当位置，局部效果如右图所示。

7. 按Ctrl+L键调整色阶，参数设置与局部效果如下图所示。

8. 打开"素材\模块九\草地.jpg"文件，用"磁性套索"工具将草地选中，如右图所示。

9. 将选中图像移动复制到"别墅外观效果"画布窗口中，得到"图层2"，局部效果如右图所示。

10. 新建图层，得到"图层3"，设置前景色，调整画笔的大小和不透明度，进行涂抹，局部效果如右图所示。

提示

"图层3"中的两种颜色的值分别为R：198，G：168，B：42/R：0，G：0，B：0。颜色深浅的调整只需在选项栏上设置画笔的不透明度和流量即可。

这个步骤中的颜色设置和涂抹位置并非一定，大家可以按照自己的创意设置。

11. 设置"图层3"的混合模式为"叠加"，增强草地的立体感，局部效果如右图所示。

12. 打开"素材\模块九\山.jpg"文件，用"魔棒工具"将图像选中，局部效果如右图所示。

13. 将选中图像移动复制到"别墅外观效果"画布窗口中，得到"图层4"；将"图层4"的图层顺序调整到"图层2"的下方，并设置"图层4"的混合模式为"正片叠底"，局部效果如右图所示。

14. 按住Ctrl键，单击"图层4"的图层缩览图以载入选区，执行"滤镜/杂色/添加杂色"命令，参数设置与局部效果如右图和下图所示。

15. 执行"滤镜/模糊/高斯模糊"命令，参数设置与局部效果如右图和下图所示。

16. 执行"图层/新建/通过拷贝的图层"命令（快捷键Ctrl+J），复制选区内容到一个新的图层，得到"图层5"。

17. 执行"滤镜/扭曲/玻璃"命令，参数设置如右图所示。

18. 设置"图层5"的混合模式为"柔光"，局部效果如右图所示。

19. 打开"素材\模块九\别墅.jpg"文件，用"魔棒"工具将别墅选中，局部效果如右图所示。

20. 将选中的图像移动复制到"别墅外观效果"画布窗口中，得到"图层6"，执行"编辑/自由变换"命令（快捷键Ctrl+T），按住Shift键，用鼠标拖动图像右上角控制点，进行等比缩放；适当调整位置，局部效果如右图所示。

21. 为"图层6"添加蒙版，设置画笔的大小及硬度为适当值，对房屋的底部进行涂抹，使其与草地融合，蒙版状态与局部效果如下图所示。

22. 按Ctrl+J键复制"图层6"，得到"图层6副本"，调整图像大小和位置，局部效果如右图所示。

23. 打开"素材\模块九\道路.jpg"文件，用"磁性套索"工具将道路选中，局部效果如右图所示。

24. 将选中的图像移动复制到"别墅外观效果"画布窗口中，得到"图层7"，将"图层7"的图层顺序调整到"图层6"下方；执行"编辑/自由变换"命令，改变图像大小，适当调整位置，局部效果如右图所示。

25. 打开"素材\模块九\路灯.jpg"文件，用"磁性套索"工具将路灯选中，局部效果如右图所示。

26. 将选中的图像移动复制到"别墅外观效果"画布窗口中，得到"图层8"，将"图层8"的图层顺序调整到最上方；执行"编辑/自由变换"命令，按住Shift键，拖动图像右上角控制点，进行等比缩放，适当调整位置，局部效果如右图所示。

27. 为"图层8"添加蒙版，设置画笔的大小和硬度为适当值，在路灯的底部进行涂抹，使其与草地融合，局部效果如右图所示。

28. 用"魔棒"工具选择路灯的白色灯泡，局部效果如右图所示。

29. 执行"滤镜/渲染/光照效果"命令，为灯泡添加立体感，再按 Ctrl+D键取消选择，参数设置与局部效果如下图所示。

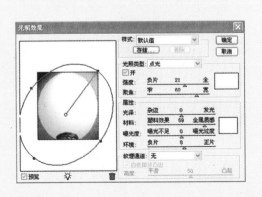

30. 按Ctrl+J键5次，创建 "图层8"的5个副本；分别调整5个图像的大小、位置和图层顺序，局部效果如右图所示。

31. 选择"图层1"，执行"滤镜/渲染/镜头光晕"命令，参数设置与局部效果如下图所示。

32. 选择"图层1"，设置前景色为R：0，G：0，B：0，调整画笔的大小和硬度，在画布窗口的左上角涂抹，作为"飞鸟"图案，局部效果如右图所示。

至此，整幅图像就已制作完成。整体效果及图层调板状态如下图所示。

想一想

在本实例中，我们学习了"混合滤镜"的使用方法及应用领域。请思考，我们接触了哪些新的滤镜组或滤镜命令，它们在本实例中分别起到什么作用？将答案填写在下面的横线上。

_____

_____

_____

_____

友情提示

混合滤镜

1.怎样理解混合滤镜

在一幅图像的制作过程中，使用了不止一个滤镜命令，就可以称为混合滤镜。

2.混合滤镜的种类

根据制作环境的不同，可以把混合滤镜的种类归纳为以下两种情况：

•使用同一滤镜组下的不同滤镜命令；

●使用不同滤镜组下的滤镜命令。

例如，在该实例中，天空的制作就使用了"渲染"中的"云彩"和"镜头光晕"两个命令，这属于前一种情况；而山的制作就分别使用了"杂色/添加杂色"、"模糊/高斯模糊"和"扭曲/玻璃"这三个不同的滤镜组中的命令，这属于后一种情况。

3.特效离不开混合滤镜

对于现在的平面广告而言，如果要制作特效，那绝对不是单个的滤镜命令可以完成的。换言之，在一幅完整的图像中，如果使用了滤镜来制作特效，在绝大多数情况下，都是混合滤镜的应用，无论是单个的文字还是完整的图像。这在"任务一"和"任务二"中都有充分的体现。

 知识窗

建筑效果图分为很多类别，不同类别在制作时有不同的侧重点，这里介绍几种最常见的分类方法及注意事项。

1.类别

（1）按用途分类

●商业写字楼

●民用住宅楼

●行政办公楼

●公共设施

（2）按楼高分类

●高层建筑

●低层建筑

（3）按视角分类

●仰视（正仰视和斜仰视）

●平视（正视和斜视）

●俯视（正俯视和斜俯视）

2.侧重点

在制作写字楼和行政楼图时，应着重反映建筑本身特点，而住宅和公共设施图制作则应兼顾周边环境。

在建筑的效果图制作中，仰视的效果图较少，一般都采用的后两种视角，特别是斜线视角，因为它最容易表现出建筑的轮廓和立体效果，这在一定程度上可以弥补平面设计软件不能较好展现立体感强的图形的弱点。

自我测试

1.填空题

（1）重复上一次滤镜操作的快捷键是＿＿＿＿＋＿＿＿＿。

（2）位图模式和索引模式的图像不能使用滤镜，要先将模式转换为＿＿＿＿＿＿模式之后才能使用滤镜命令。

（3）在较大的图像上使用滤镜命令之前，可以先执行＿＿＿＿＿＿＿＿＿命令以释放内存。

2.操作题

（1）打开"素材\模块九\操作练习\星球.jpg"文件，完成如右上图的"爆炸效果"图像。

（2）新建文件，完成如右中图的"雕刻文字效果"图像。

（3）新建文件，完成如右下图的"木质地板效果"图像。

模块十

网页工具的应用

模块综述

使用Photoshop的网页（Web）工具，可以轻松构建网页的组件块，或者按照预设或自定格式输出完整网页。

学习完本模块后，你将能够：

- 使用图层和切片设计网页和网页界面元素。
- 使用"动画"调板创建Web动画，然后将其导出为动画GIF图像或QuickTime文件。
- 使用Web照片画廊功能，通过各种具有专业外观的站点模板将一组图像快速转变为交互网站。

任务一　公司主页——"切片"工具的使用

任务概述

　　许多网页为了追求更好的视觉效果，往往采用一整幅图片来布局网页，但这样做的结果是下载速度较慢。为了加快下载速度和使用独特的图片链接，就要对图片使用切片技术，也就是把一整张图切割成若干小块，只使用某一个特定的图像区域连接到其他的网站或网页。Photoshop CS3具有强大的切片功能，能方便地输出切片和包括切片的网页文件。

网站主页的布局与优化

操作步骤

　　1. 打开"素材\模块十\index.jpg"文件，在工具箱中找到"切片"工具(如右下图所示)，在图片上"画"出每个切割区域，可见每个切割区域都会带上一个数字标签（如右上图所示）。

提示

　　（1）蓝色标签为用户切片（即用户用"切片"工具分出的切片），如果只为了下载速度快，此时可直接存盘为"存储为Web和设备所用格式"。

　　（2）如果要将此图片中某些区域进行链接，则选择"切片选择"工具，在切片区域双击。

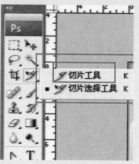

2.用"切片选择"工具 双击第三个切片，即"知识结构"区域，则出现如右图所示窗口。

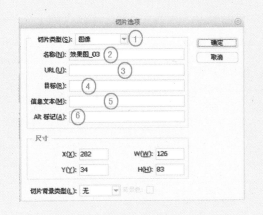

3.在①切片类型中选择"图像"；在②中切片名称保持默认值；在③中URL(统一资源定位)填入单击该切片时相链接网页的地址，如zsjg.html；在④中目标填入"_blank"；在⑤中信息文本写入在浏览器状态栏显示出的信息"本书的知识结构示意图"；在⑥中ALT标记写入替代浏览器的替代文本，如果浏览器无法显示，则显示的文本，该项通常可以省略。

4.重复第②和③步，将"实例特色"切片链接到"slts.html"，提示信息为"Photoshop CS3之实例特色"；将"学习方法"切片链接到"xxff.html"，提示信息为"良好的学习方法是通向成功的天梯"；将"效果图展示"切片链接到"xgt.html"，提示信息为"Photoshop CS3之效果图"。

5.执行"文件存储为Web和设备所用的格式…"命令(快捷键Alt+Shift+Ctrl+S)，则出现如右图所示窗口。

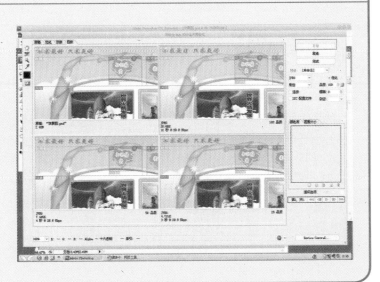

6. 单击"确定"按钮，则出现如下图所示窗口。

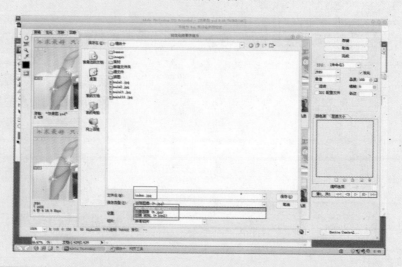

7. 在文件名中输入"index"，文件类型中选择"html和图像（jpg）"单击"保存"按钮。

8. 在文件夹中打开index.html进行测试，单击"知识结构"、"实例特色"、"学习方法"、"效果图展示"，检测链接是否正确。

 做一做

本实例中只给出了index.html（主页）到各子页之间的链接，请同学们根据以上步骤，实现各子页之间的相互链接，即由任何一个子页面都可以进入其他页面。

友情提示

"切片"工具

1. "切片"工具 和 "切片选择"工具

（1）"切片"工具创建切片。

（2）"切片选择"工具选择切片，以便进一步对切片进行处理或链接。

2. "切片"工具 属性栏及含义

当选择了"切片"工具 时，属性栏如下：

（1）样式有如下几项：

- 正常：拖动时确定切片比例。
- 固定长宽比：设置高宽比，输入整数或小数作为长宽比。
- 固定大小：指定切片的高度和宽度，输入整数像素值。

注意

在要创建切片的区域上拖动，按住 Shift 键并拖动可将切片限制为正方形。

（2）基于参考线创建切片：向图像中添加参考线，根据参考线创建切片。

3.切片的类型

按创建方式分为如下几类：

- 用户切片：用"切片"工具创建的切片。
- 基于图层的切片：用"图层"调板创建的切片。
- 自动切片：自动生成的切片。
- 子切片：创建重叠切片时生成的一种自动切片类型。

4."切片选择"工具 属性栏及含义

切片层次排列方式，从左到右依次为：置为顶层、前移一层、后移一层置、为底层

切片的对齐和分布选项：与图层的对齐和分布操作方法一样

上图中其余选项的含义如下；

- 提升:将自动或图层切片提升为用户切片。
- 划分：进行水平和垂直方向划分切片。
- 隐藏自动切片:显示或隐藏自动切片。

5."切片选项"对话框

当利用"切片选择"工具 单击某切片时，出现如右图所示的"切片选项"对话框（图中提示部分为常用的关键内容），在此对话框中设置切片的网页链接。

"目标"框架的名称及含义：

-blank：在新的窗口中显示链接的文件，同时保持原始浏览器窗口为打开状态。
-salf：在原始文件的同一框架中显示链接文件。
-parent：在自己的原始父框架组中显示链接文件。
-top：使用链接的文件替换整个浏览器窗口，同时移去所有当前的框架。

任务二 banner动画—动画面板的使用

任务概述

动画是在一段时间内显示的一系列图像或帧，每一帧较前一帧都有微小的变化，当连续、快速地显示这些帧时就会产生运动或变化的感觉。本节我们将学习用Photoshop CS3的动画面版制作网站的横幅广告。

制作网页中的banner动画(横幅广告)

效果图显示：打开"素材\模块十\效果图.gif"文件，看到如下动画图形：

操作步骤

1.动画的基本内容制作

（1）启动Photoshop CS3，新建一文件设置如右图后单击"确定"按钮。

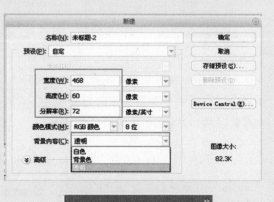

提示

背景内容设定为"透明"就不用转换背景层，因为不能为背景图层创建动画。图层面板如右图所示：

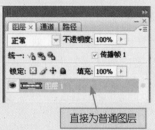

直接为普通图层

（2）执行"窗口/动画"命令，打开动画面板。如果图层没打开，按F7键打开图层面板，结果如下图所示。

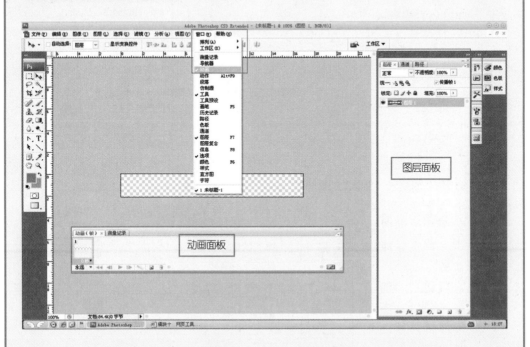

（3）设置前景色为蓝色，背景色为绿色，用"渐变填充"工具将图层1填充为如下图所示。

（4）新建一图层2，打开"配套光盘\素材\模块十\"下的"书.gif"、"女孩．gif"、"男孩.gif"三个文件。

（5）将"书.gif"、"女孩.gif"、"男孩.gif"三个文件中的图像移入"图层2"并调整位置和大小，结果如下图所示。

提示

　　执行"选择/复制/粘贴"命令时，会自动增加新的图层，如右图所示。

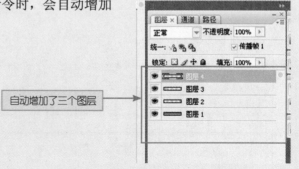

自动增加了三个图层

　　（6）将"图层2、图层3、图层4"合并成一个图层2。

　　（7）利用"横向文字"工具输入"知识改变命运"（颜色为红色，可适当调整大小），添加"描边"图层样式，描边的颜色为"黄色"，大小为2，如右图所示。

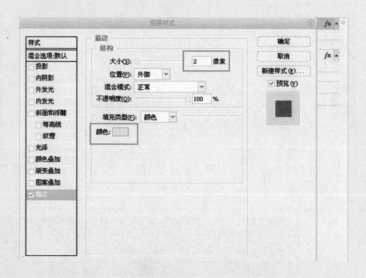

　　（8）利用"横向文字"工具输入"学习就是希望"（颜色为红色，适当调整大小），添加"描边"图层样式，描边的颜色为"黄色"，大小为2，最后效果如下图所示。

（9）在图层面板中，将"知识改变命运"图层复制两层，将"学习就是希望"图层复制一层。操作完后，图层面板如右图所示。

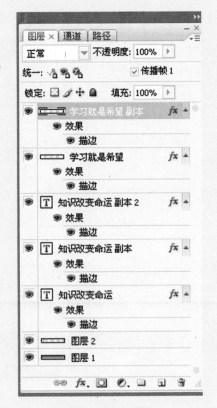

（10）将"知识改变命运副本"图层的文字进行文字变形，样式为"旗帜"，方向水平方向，弯曲为+50,其余默认（如右图所示），设置完后单击"确定"按钮。

（11）将"知识改变命运副本1"图层的文字进行文字变形，样式为"旗帜"，方向水平方向，弯曲为-50,其余默认，单击"确定"按钮。

（12）给"学习就是希望"副本层的文字加如右图所示的"彩虹"样式，效果如下图所示。

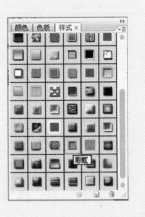

2.图层添加到帧

（1）动画面板中有一默认的帧，单击动画面板下的"复制帧"按钮，连续单击4次，复制4帧，效果如下图所示。

（2）选中第1帧，在图层面板中设置只显示"图层1、图层2"，效果如下图所示。

（3）选中第2帧，在图层面板中设置显示"图层1、图层2、知识改变命运图层"，效果如下图所示。

（4）选中第3帧，在图层面板中设只显示"图层1、图层2、知识改变命运图层、学习就是希望图层"，效果如下图所示。

（5）选中第4帧，在图层面板中设只显示"图层1、图层2、知识改变命运副本1图层、学习就是希望图层、学习就是希望副本图层"，效果如下图所示。

(6) 选中第5帧，在图层面板中设只显示"图层1、图层2、知识改变命运副本图层、学习就是希望图层、学习就是希望副本图层"，效果如下图所示。

提示

第（2）至第（6）步对应的图层面板如下：

第(2)步图层面板   第(3)步图层面板   第(4)步图层面板

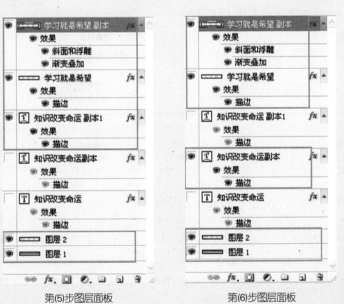

第(5)步图层面板   第(6)步图层面板

3.编辑帧，优化动画效果

（1）单击动画面板下的"播放"按钮，会觉得运动太快，现设置第1帧、第2帧和第3帧的延迟时间为0.2秒，第4帧和第5帧的延迟时间为0.1秒，设置如下图所示。

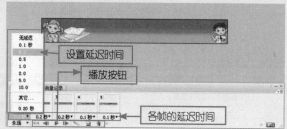

（2）单击"播放"按钮观察运行效果，若不满意，可继续调整延迟时间。

（3）为达到更好的过渡效果，选择第1帧，单击"过渡动画帧"按钮，如下图所示。

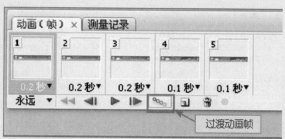

（4）在弹出的"过渡"对话框中进行设置，如右图所示。

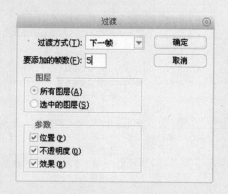

（5）单击"确定"按钮，效果如下图所示。

4.保存优化结果

（1）执行"文件/存储为Web和设备所用的格式…"命令（快捷键Alt+Shift+Ctrl+S），则出现如下图所示对话框。

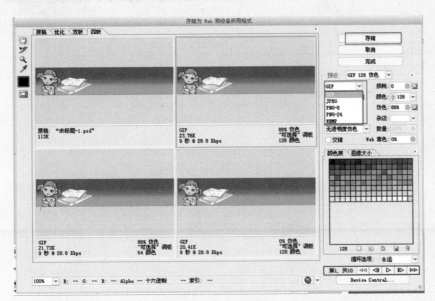

（2）设置优化格式为"GIF"后单击"存储"按钮，则出现如下图所示对话框。

（3）在文件名输入"横幅广告"，保存类型中选择"仅限图像(*.gif)"，单击"保存"按钮。

（4）制作完毕。

想一想

1. 制作横幅广告的主要步骤是什么？

2. 编辑帧有几种方法？

友情提示

关于动画

1.帧动画的概念

通过以上实例我们对Photoshop CS3制作动画有了一个初步的认识。帧动画是在一段时间内显示的一系列图像或帧，每一帧较前一帧都有微小的变化，当连续、快速地显示这些帧时就会产生运动或变化的感觉。

2.帧动画调板

执行"窗口\动画"命令可调出动画调板，如下图所示。

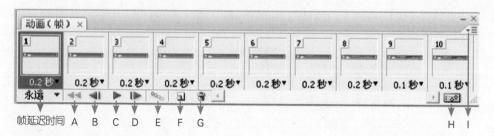

图中各字母代号的含义是：

A—选择第一个帧；　　　B—选择上一个帧；　　　C—播放动画；　　　D—选择下一个帧；

E—过渡动画帧；　　　　F—复制选定的帧；　　　G—删除选定的帧；

H—转换为时间轴模式（仅 Photoshop Extended）；　　　I—"动画"调板菜单

3.帧动画的制作步骤

（1）动画的基本内容制作：利用前几模块所讲的知识，根据自己的需要制作，最好是不同的内容或不同的效果放于不同的图层。

（2）图层添加到帧：将第1步中的图层与帧进行联系，可根据需要将1帧与1个图层相联系或与多个图层相联系。如果帧中要显示的图层就将图层显示，不需要的就将图层隐藏。操作方法与本例中"2.图层添加到帧"操作步骤一样。

（3）编辑动画帧，优化动画效果：通过添加帧，设置帧延迟时间、帧的过渡渐变等来实现优化效果。操作方法在与本例中"3.编辑动画帧"操作步骤一样。

（4）动画的保存：将制作好的动画存储为".Gif"格式的文件,以利于在网页中使用。操作方法与本例中的"4.动画的保存"步骤一样。

 知识窗

国际标准的网页Banner大小规格

名　称	尺　寸	位　置
横幅广告（Banner）	468×60像素	页面顶部
按钮广告（Button）	170×60/120×60像素	第一屏,第二屏
弹出窗口广告（Pop up）	360×300像素	第一屏
通栏广告（Full collumn）	770×100像素	第一屏,第二屏
全屏收缩广告 （Full screen）	750×550像素	第一屏
文字链接（Text link）	不超过10个汉字	第一屏,第二屏

任务三　网站相册——Web相片画廊的应用

任务概述

Web相片画廊是一个 Web 站点,它具有一个包含缩览图图像的主页和若干包含完整大小图像的画廊页,每页都包含链接,使访问者可以在该站点中浏览。利用这一功能可以很轻松地建立自己的网站相册或网站的产品展示页面等。

制作网站相册

作品分析： 单击左边的缩略图，可以在右边显示相应的放大图像，这是展示公司产品或个人作品很好的方式。

创作主题： 简单直观、清晰、实用。

操作步骤

1. 启动Photoshop CS3，执行"文件/自动/Web照片画廊…"命令，如下图所示。

2. 在出现如右图所示的对话框中，单击A部分的"样式"，在下拉框选择"居中帧1—基本"。

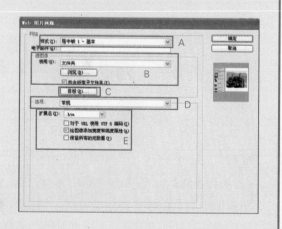

3. 在上图中的B部分单击 浏览(B)… 按扭，打开"素材\模块十\源任务三\源文件文件，然后单击"确定"按钮，回到此对话框。

4. 单击上图中C部分中的 **目标(D)...** 按扭，打开"素材\模块十\任务三\目标文件"文件，然后单击"确定"按钮，回到此对话框。

5. 在上图中的D部分中单击"选项"下拉框，选择"横幅"项，在新出现的内容中按如右图所示填充。

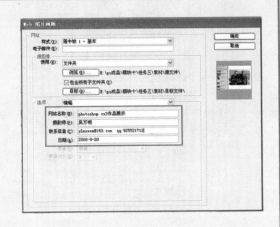

6. 再次单击"选项"下拉框，选择"大图像"，设置参数如右图所示。

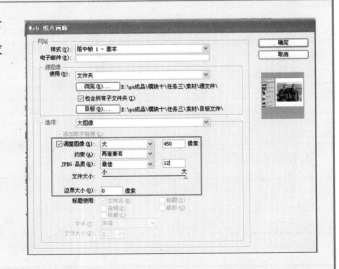

7. 其他项目选择默认值，单击" **确定** "按钮之后，软件将自动执行。

提示

如果文件名是中文，可能会出现如右所示对话框，回答"是"即可。

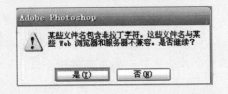

8. 软件自动执行完后，将自动启动浏览器，出现如下图所示效果。

9. 单击左边的缩略图，其大图将会在右边显示。到此制作完毕。

1. 据以上步骤，制作一个自己的网站相册。

2. 打开目标文件夹看一看有多少文件和文件夹？它们的图标分别是什么？

制作网络相册

网站相册的制作，是利用Photoshop CS3 中"Web照片画廊…"命令来实现的。

1.Web 照片画廊制作要点

（1）准备工作：

①收集图片素材存放于一个文件夹中，如本例中的"源文件"。在给图像文件素材命名时要注意尽量用能表示图片内容的文字，因为在缩略图中将显示图像文件的名称。

②准备一个空的文件夹作为画廊的目标文件夹，如本例中的"目标文件"，该文件夹中将存放由软件自动生成的文件及文件夹。

（2）操作步骤：

　　①执行"文件/自动/Web 照片画廊"命令，从弹出的对话框中的"样式"项中选取一种画廊样式，对话框中将显示所选样式的主页预览，如下图所示。

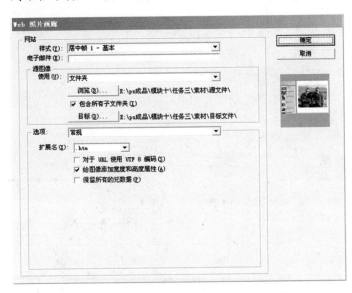

　　电子邮件：（可选）输入一个电子邮件地址作为画廊的联系信息。

　　源图像：在"使用"中选取画廊的源文件。

　　②单击"目标"按钮，然后选择一个要在其中存储画廊图像和 HTML 页的文件夹。

　　③设置 Web 画廊的格式选项。

　　④单击"确定"按钮。

　　在完成以上操作步骤后，自动生成的网站相册主页index.html或index.htm页将出现在目标文件夹中。

2.Web 照片画廊"选项"

　　通过设置这些选项可以达到个性化网站相册设置效果，选项内容如下图所示。

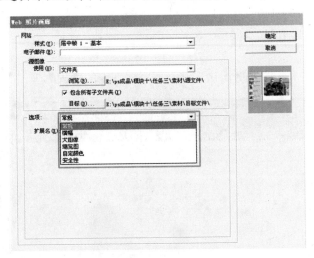

● 常规：采用系统默认的样式设置画廊。

（2）横幅：主要设置"站点名称"、"摄影师"、"联系信息"、"日期"、"字体字号"等信息。

● 大图像：每个画廊页上显示的主图像的选项，主要设置"添加数字链接"、"调整图像大小"、"边界大小"、"标题使用"、"字体字号"等信息。

● 缩览图：用于画廊主页的选项，其中包括缩览图图像的大小。

● 自定颜色：画廊中各元素的颜色选项。

● 安全性：在每幅图像上显示文本作为防盗措施。

 自我测试

1. 填空题

（1）简述切片的主要作用：_____、_____。

（2）切片的类型有几种？_____、_____

_____。

（3）动画面板的打开方法是：_____。

（4）一般而言，存储为动画文件的扩展名是_____。

2. 选择题

（1）"_____"工具的名称是（　　　　）。

  A. "切片"工具   B. "切片选择"工具

  C. "切片通道"工具   D. "切片蒙版"工具

（2）要打开"动画面板"，需单击下列哪个菜单？（　　　　）

  A. 文件   B. 视图   C. 窗口   D. 帮助

（3）Web照片画廊选项中要设置画廊的名称要在哪个选项中实现？（　　　　）

  A. 常规   B. 横幅   C. 大图像   D. 缩略图

3. 简答题

（1）简述制作动画文件（banner动画）的步骤。

（2）创建网站相册的主要步骤是什么？

4. 操作题

自己收集素材，利用本任务所讲方法制作类似下面的横幅广告。